METEORITOS Y CRÁTERES

Fragmentos de otros mundos que caen en la tierra

ENSAYO ❀ MILENIO

21

Esta obra ha recibido el XXI Premio Humbert Torres 2003 de divulgación científica, convocado por la Fundació Pública Institut d'Estudis Ilerdencs de la Diputació de Lleida y Òmnium Cultural, delegación del Segrià. Los miembros del jurado han sido los siguientes: David Jou Mirabent, Jorge Wagensberg Lubinski, Jordi Porta Ribalta, Joan Xavier Comella Carnicé i Ramon Morell Rossell.

JORDI LLORCA PIQUÉ

Meteoritos y cráteres

Fragmentos de otros mundos que caen en la tierra

XXI Premio Humbert Torres 2003
de divulgación científica

Editorial
MILENIO
LLEIDA, 2004

Título original en catalán:
Pedres que cauen del cel.
L'impacte dels meteorits en la història i la ciència

Imagen de la cubierta: ilustración de la *Miscel·lània científica* de Josep Bolló (año 1714, folio 122v°) que muestra la caída de un meteorito sobre Cataluña el día de Navidad de 1704 y de la cual se pensaba que era un presagio de las miserias y calamidades que sufría por entonces el Reino de España, en plena Guerra de Sucesión (imagen Biblioteca Universitat de Barcelona), así como la fotografía de diversos meteoritos caídos en el norte de Palencia el 4 de enero de 2004 y la de un cóndrulo milimétrico de silicato del interior de uno de ellos visto con un microscopio óptico de polarización.

Sant Salvador, 8 - 25005 Lleida (España)
www.edmilenio.com
editorial.milenio@cambrescat.es
Primera edición: julio de 2004
ISBN: 84-9743-124-3
Depósito legal: L-677-2004
Impreso en Arts Gràfiques Bobalà, S.L.
Printed in Spain

A todas aquellas personas que,
a pesar de todo, al ver una estrella fugaz
en el cielo siguen pidiendo un deseo.

ÍNDICE

NOTA DEL AUTOR

Hace un par de años el mundo entero se hizo eco de una noticia escalofriante, un equipo de científicos que trabajaban en el observatorio Linear de Nuevo México, en los Estados Unidos, había descubierto un asteroide que podría chocar con la Tierra el 1 de febrero de 2019. El asteroide se llama NT7 y tiene unos dos kilómetros de largo. Su posible encuentro con nuestro planeta sería capaz de borrar todo un continente y provocar un cambio climático a escala mundial. Mucha gente empezó a hacerse preguntas. ¿Era verdad? Si lo era, ¿qué teníamos que hacer? Si no lo era, ¿quién y por qué nos había asustado de esta manera? ¿Había caído algún asteroide antes sobre la Tierra? ¿Y qué sucedió?

Aún no tenemos respuestas definitivas a todas estas preguntas, pero una cosa la sabemos muy bien, y es que de manera frecuente caen piedras y trozos de metal del cielo, ¡aunque no tan grandes! Estos otros objetos más pequeños son los meteoritos y se han convertido en una de las fuentes más valiosas que tenemos para conocer mejor, entre otras cosas, la síntesis y distribución de los elementos químicos en el universo, la evolución de las estrellas, la formación de los planetas, el origen de la vida, la extinción de los dinosaurios y otras especies..., y también para saber que más pronto o más tarde puede caer alguno lo suficientemente grande como para inducir un cambio climático que acabe con todos nosotros, si es que aún nos encontramos aquí, claro.

No hace falta decir que la caída de una piedra del cielo se ha vivido desde siempre como un hecho insólito. Aún hoy nos cuesta olvidar la concepción aristotélica de un universo regular y en orden, lo que se traduce en que la caída fortuita e inesperada de una piedra o trozo de metal que proviene del espacio sea un acontecimiento impresionante y, para muchos, inquietante. Así lo vivieron nuestros antepasados, para los cuales la llegada de un objeto pesado del cielo sólo podía ser entendido como una gracia —o desgracia— divina. Esto hizo que muchos de los meteoritos que en la antigüedad se vieron caer del cielo fuesen venerados en templos, se utilizaran en rituales funerarios o fueran utilizados como amuletos o para forjar espadas mágicas. Incluso alguno de ellos llegó a ser protagonista de hechos históricos de transcendencia notable.

En este libro de divulgación, además de tratar sobre los aspectos científicos más destacados de los meteoritos, se utilizan con frecuencia hechos y relatos históricos —todos ellos verdaderos— relacionados con su caída que sirven para ilustrar hasta qué punto los meteoritos forman parte de nuestra cultura. Y es que el estudio de los meteoritos constituye una disciplina científica que, como muchas otras, tiene abundantes pinceladas de colores vivos en nuestra historia. Sin ir más lejos y de manera muy reciente, la tarde del 4 de enero de 2004 se avistó una bola de fuego en el cielo desde la mitad norte de la península ibérica y baleares que causó un gran revuelo entre la población y los medios de comunicación. Se debió sencillamente a la caída de un meteorito en el norte de Palencia.

Por cierto, pocos días después de difundirse la noticia se vio que era muy poco probable que el asteroide NT7 fuera a chocar con la Tierra. Espero, no obstante, que no por esto dejéis de leer este libro antes de 2019…, ¡quién sabe si antes puede venir otro con mejor puntería!

JORDI LLORCA

I. CUANDO EL CIELO SE ESTREMECE

Del mismo modo que el taller de un carpintero queda lleno de virutas de madera y serrín al acabar un trabajo, el sistema solar está lleno de objetos que no participaron en la formación del Sol y de los planetas y sus lunas y anillos. Son los cometas y los asteroides. Pero, además, el espacio que nos rodea no está vacío. Nuestro entorno inmediato está lleno de piedras y partículas de polvo originadas, precisamente, por el desgaste de los cometas y los asteroides durante muchos, muchos años. La mayor parte de este material se encuentra en órbita alrededor del Sol en el plano de las órbitas de los planetas y dispersan la luz del Sol con una gran eficacia, de manera similar a como lo hace un cristal sucio o empañado. ¿Quién no ha experimentado una gran molestia al conducir un coche de noche y cegarse con los faros de otro coche que circula en sentido contrario? Pues las partículas de polvo dispersan la luz del Sol con tanta eficacia que, a veces, al ponerse el Sol, especialmente al empezar la primavera en una noche sin Luna, se puede ver un triángulo de luz espectacular, de color rojizo, que se alza con majestuosidad en el cielo. Este fenómeno recibe el nombre de *luz zodiacal*, puesto que la parte del cielo que ocupa es la misma donde se disponen las constelaciones del zodiaco. El poeta y astrónomo persa Omar Khayyám describía en el año 1100 en la Rubaiyat la luz zodiacal como "el falso clarear".

Pero por suerte —o no— no hace falta ir al espacio para encontrar partículas de polvo de cometas y asteroides. En su viaje anual alrededor del Sol, la Tierra barre millones y millones de estas partículas de polvo que se encuentran en el espacio. Como son tan pequeñas, tan sólo miden unas pocas milésimas de milímetro, quedan depositadas de manera suave y anónima en la atmósfera, donde pueden ser recogidas. Desde el año 1974 las agencias espaciales recogen este polvo con aviones espía en desuso capaces de volar a grandes alturas, a más de veinte kilómetros, con el objetivo de minimizar la recolección de otras partículas no deseadas, como por ejemplo cenizas volcánicas, trozos de pintura de aviones y otros productos derivados de la actividad humana.

La Tierra adquiere cada año unas cien mil toneladas de material que procede del espacio. Por supuesto, si todo este material nos cayera de golpe sería catastrófico, pero ya hemos dicho que la mayor parte de este material está constituido por pequeñas partículas de polvo invisibles a simple vista. Cien mil toneladas de material que proviene del espacio cada año es mucho, pero aunque supongamos que nuestro planeta haya adquirido esta cantidad de material ajeno durante sus más de cuatro mil quinientos millones de años de existencia, el total acumulado apenas representa una millonésima parte de su masa actual, es decir, nada. Además de las partículas

Alrededor de las seis de la tarde del día 4 de enero de 2004 se avistó esta bola de fuego en el cielo desde Galicia hasta las Islas Baleares y desde Cantabria hasta el norte de Andalucía. Su brillo rivalizó con la Luna llena (fotografía Salvador Díez desde las Hoces de Valdeteja, León). Momentos después cayó una lluvia de meteoritos en los alrededores de Villalbeto de la Peña, Palencia (ejemplar encontrado unos días después por voluntarios de la Red de Investigación sobre Bólidos y Meteoritos).

de polvo pequeñas también nos llegan partículas un poco más grandes, que miden alrededor de unos pocos milímetros. Estas partículas un poco más grandes son las que originan a las *estrellas fugaces*, que se queman y desaparecen en la atmósfera sin hacer ningún daño. Pero también nos llegan cuerpos más grandes. Una docena de veces al año, más o menos, alguien tiene la suerte —o el susto— de ver con sus propios ojos la caída de auténticas rocas y trozos de metal del cielo. Son los *meteoritos*, cuerpos que en su mayoría provienen de los asteroides y que pueden medir desde unos pocos centímetros a varios metros de largo. Las estrellas fugaces, las bolas de fuego que surcan el cielo y los meteoritos son manifestaciones del mismo fenómeno, la entrada en la atmósfera de cuerpos que proceden del espacio. La diferencia radica básicamente en el tamaño del cuerpo incidente.

Hay meteoritos que nos llegan después de haber estado separados de sus cuerpos progenitores hace decenas de miles, o hasta millones de años. Otros, por el contrario, nos llegan en unos pocos años. Una de las maneras de saber el tiempo que un cuerpo ha deambulado por el espacio consiste en medir la cantidad de algunos isótopos de algunos elementos químicos determinados que se han sintetizado por la acción de los rayos cósmicos en el espacio. Los rayos cósmicos son omnipresentes y tienen energías capaces de transmutar los elementos químicos de los cuerpos en el espacio hasta profundidades de un metro, más o menos. Cuando el cuerpo que originará al meteorito, o *meteoroide*, se encuentra dentro de su cuerpo progenitor, éste se halla protegido de la acción transmutadora de los rayos cósmicos y no se sintetizan los isótopos en cuestión. En cambio, en el momento que el meteoroide queda libre en el espacio a raíz de algún choque fortuito con otro cuerpo, entonces empieza la síntesis de estos isótopos por la acción de los rayos cósmicos. El reloj se pone en marcha, de modo que al medir después en la Tierra la cantidad de estos isótopos se puede saber el tiempo que el cuerpo estuvo en el espacio o, si se prefiere, en qué momento aconteció el choque que liberó al cuerpo progenitor del meteorito. Con la ayuda de los isótopos podemos saber también cuándo se formaron los asteroides, cuánto tiempo ha estado un meteorito en el suelo antes de que alguien lo haya recogido, etc. ¡Los isótopos son auténticos relojes de acontecimientos cósmicos!

Resulta evidente que la caída de una piedra o trozo de metal del cielo se considera, aún hoy, un hecho insólito, por lo que no debe sorprendernos que en la antigüedad el ser humano lo hubiera vivido aún más como un hecho sobrenatural. A lo largo del tiempo y en muchas culturas los meteoritos han sido los protagonistas de muchas historias y leyendas. En los próximos capítulos de este libro vamos a hablar de algunas de ellas. Pensemos que la caída de una piedra o trozo de metal del cielo va acompañada de un conjunto de fenómenos visuales y sonoros tan espectaculares que pueden llegar a aterrorizar al más valiente. Claro que en el pueblo de Mbale, en Uganda, hace relativamente poco tiempo —el catorce de agosto de 1992— cayó una lluvia de meteoritos y los habitantes del lugar molieron algunos de ellos y se los comieron porque pensaban que Dios los había enviado para sanarlos de enfermedades...

¿Cómo caen exactamente los meteoritos? Cuando un cuerpo procedente del espacio entra en la atmósfera de nuestro planeta lo hace, como mínimo, a más de cuarenta mil kilómetros por hora, y puede llegar a velocidades de doscientos cincuenta mil kilómetros por hora o más. A estas velocidades tan grandes la barrera del sonido se rompe de manera generosa —el sonido viaja a unos mil doscientos kilómetros por hora— y se origina un ruido estrepitoso parecido a un trueno que se puede oír a muchos kilómetros de distancia. Por eso el Concorde, por ejemplo, para no molestar rompía la barrera del sonido cuando sobrevolaba el océano Atlántico. Pero la caída de los meteoritos tiene lugar en cualquier lugar y a cualquier hora, por lo que el ruido que provoca su travesía por la atmósfera al romper la barrera del sonido puede llegar a estremecer poblaciones enteras. Además de los sonidos supersónicos que, al igual que un trueno, tardan unos segundos o minutos en oírse después de ver pasar el meteorito, en ocasiones también se oyen sonidos electrofónicos en el mismo momento en el que el meteorito surca el cielo. Por otro lado, la caída de los meteoritos viene acompañada también por fenómenos luminosos, que pueden llegar a ser aún más espectaculares. Los cuerpos que viajan por el espacio están muy fríos, a temperaturas de muchos grados bajo cero. Al entrar en la atmósfera a gran velocidad, estos cuerpos sufren un proceso de fricción con las moléculas del aire, que llega a ser lo suficientemente intenso como para fundir y vaporizar su superficie. En pocos segundos el cuerpo choca con millones de moléculas de aire y se forma un trazo cargado eléctricamente, o lo que es lo mismo, ionizado, por donde pasa el cuerpo. De este modo se origina una cola luminosa y el cuerpo se transforma en un objeto incandescente moviéndose en el cielo de la misma manera como lo haría una bola de fuego. El espectáculo depende del tamaño del cuerpo, de su velocidad y del ángulo con el que entra en la atmósfera, y puede ser tan breve como unos pocos segundos o durar tanto como un minuto. La bola de fuego que ocasionó el meteorito de doce kilogramos que cayó el nueve de octubre de 1992 sobre un coche estacionado en Peekskill, Nueva York, cruzó el cielo durante unos cuarenta segundos.

A medida que el cuerpo se adentra más y más en la atmósfera se encuentra cada vez con una atmósfera más y más densa, lo que provoca que el cuerpo se vaya frenando de manera progresiva y, con frecuencia, se fragmente en trozos más pequeños que se mantienen cercanos entre sí. Llega un momento en el que el cuerpo

Este meteorito caído en Chicago corresponde a una de las lluvias de meteoritos más recientes y espectaculares que se conocen. Cayeron a medianoche del día 26 de marzo de 2003 sobre una extensa zona residencial periférica de esta ciudad estadounidense provocando algunos daños materiales (fotografías José Francisco Salgado, Adler Planetarium).

—o sus fragmentos— pierden tanta velocidad que la fricción con las moléculas de aire empieza a mermar, el espectáculo luminoso se desvanece y la superficie fundida del cuerpo solidifica dando lugar a una corteza de color oscuro que la envuelve por completo. Esto ocurre, normalmente, cuando los cuerpos se encuentran entre diez y treinta kilómetros de altura. A continuación tiene lugar la caída libre de lo que queda del cuerpo después de haber perdido parte de su contenido durante el episodio de fricción con la atmósfera, o de los fragmentos resultantes. Cuando el cuerpo se fragmenta, los trozos caen en forma de lluvia describiendo una elipse en el suelo. Es una caída anónima, los indicadores luminosos se han quedado en el cielo, de modo que si el meteorito o sus fragmentos no caen cerca de alguna persona o en un lugar muy vistoso, éstos pasarán desapercibidos y posiblemente no se encontrarán jamás.

Por lo que a los cuerpos más pequeños se refiere, lo que ocurre con ellos es que se vaporizan por completo durante su fricción con la atmósfera, dando lugar a las estrellas fugaces o, como los llama la ciencia, *meteoros*. Pensemos que una estrella fugaz la origina una partícula más pequeña que un grano de arroz y que la estela que vemos ¡puede estar a cien kilómetros de nosotros! El hecho de que cualquier noche que contemplemos el cielo estrellado podamos ver alguna estrella fugaz es un regalo maravilloso que nos hace la naturaleza. Los sabios griegos de antaño dieron el nombre de meteoros a las estrellas fugaces para indicar que se trataba —de manera sensata— de un fenómeno atmosférico, puesto que el término *meteora* se refería a sucesos que tenían lugar en la atmósfera, de aquí le viene el nombre a la meteorología. Lo que los griegos no hicieron nunca fue asociar las estrellas fugaces con los objetos astronómicos, por ejemplo con los cuerpos planetarios, porque creían que éstos nunca podían entrar en contacto con la Tierra dado que todo lo que estaba en el firmamento más allá de la Luna representaba la perfección que no había en la Tierra.

Las estrellas fugaces aparecen de manera esporádica durante cualquier noche, pero en determinadas noches del año también tienen lugar auténticas lluvias de estrellas fugaces. Esto ocurre cuando nuestro planeta atraviesa la órbita de un cometa repleta de polvo que se ha desprendido del mismo al ser calentado por el Sol. Los cometas son como bolas sucias de hielo. El hielo no es sólo agua, también contiene óxidos de carbono, alcoholes, metano, amoníaco y muchas otras moléculas en menor proporción que se mantienen congeladas por las bajas temperaturas del espacio. Cuando decimos que los cometas son bolas sucias de hielo queremos decir que, mezclado con el hielo, también hay pequeños fragmentos de roca. Cuando el cometa se acerca al Sol aumenta la temperatura de su superficie y el hielo sublima, es decir, pasa de ser hielo a gas directamente, lo que provoca la expulsión de los pequeños fragmentos de roca que se encontraban atrapados en él. Los fragmentos rocosos liberados forman parte, primero, de la fastuosa cola de polvo del cometa y, después, se dispersan en el espacio siguiendo la trayectoria del cometa originando algo así como un anillo de polvo.

Poco a poco el anillo de polvo se difumina, sobre todo por la acción del Sol que, por un lado, atrae los pequeños fragmentos rocosos y, por el otro, tiende a expulsarlos por la presión de la radiación que emite. Pero cada vez que el cometa vuelve a acercarse al Sol el anillo de polvo se abastece de nuevas partículas. Cuando la Tierra atraviesa uno de estos anillos se encuentra con miles y miles de pequeños granos rocosos que, al entrar en la atmósfera a gran velocidad, se volatilizan y originan las lluvias de estrellas fugaces. ¡Da realmente la impresión que son las estrellas que vemos cada noche las que caen! Podemos dar gracias que la parte sólida de los cometas está hecha de granos pequeños de roca, porque si fuesen rocas grandes las lluvias de estrellas fugaces se convertirían en granizadas peligrosas, lo que no creo que nos gustara demasiado... Como la Tierra y los cometas periódicos tienen órbitas regulares, nuestro planeta atraviesa los anillos de polvo dejados por los cometas siempre los mismos días del año. No todas las lluvias de estrellas fugaces son espectaculares, pero algunas de ellas han dejado huella en la historia. Las noches de los días doce de noviembre de 1799 y diecisiete de noviembre de 1833, por ejemplo, tuvo lugar durante varias horas uno de los espectáculos más grandes, cientos de miles de estrellas fugaces salieron de un punto situado en la constelación del León, ¡lo que significa que se vieron caer unas diez estrellas cada segundo! La lluvia de estas estrellas, llamadas *leónidas* por originarse en la constelación del León, es una de las más conocidas y que ha ofrecido mayores espectáculos durante los últimos siglos. En crónicas chinas y árabes de principios del siglo x ya se habla de ellas. Otra lluvia bien conocida es la de las *perséidas*, que se origina en la constelación de Perseo y tiene lugar alrededor del diez de agosto, por lo que también se les llama "lágrimas de San Lorenzo".

Esta ilustración aparecida en el libro *The Midnight Sky* de Edward Dunkin (1872) recrea la lluvia de las leónidas de noviembre de 1799 tal y como la vio Andrew Ellicott Douglass desde un barco en los Cayos de Florida. Fue una de las lluvias de estrellas fugaces más espectaculares que se conocen. Douglass escribió: *todo el cielo apareció iluminado por cohetes que volaban en infinitas direcciones y creí que alguno de ellos caería en el barco.*

II. UNA PIEDRA QUE HIZO HISTORIA

El año 1492 es —y será— recordado porque Cristóbal Colón abrió las puertas de América al mundo occidental. Pero ese mismo año tuvo lugar otro acontecimiento único, la caída de un meteorito muy especial cerca de la localidad de Ensisheim, en Alsacia. Que se sepa, esta fue la primera piedra que se vio caer del cielo en occidente y de la que aún se conservan muestras, aunque no es la primera en todo el mundo puesto que en Nogata, Japón, unos monjes vieron caer del cielo otra piedra el diecinueve de mayo del año 861 y la guardaron en uno de sus templos. Once siglos más tarde, en 1979, hicieron donación del meteorito a los científicos.

Pero volviendo al carácter excepcional de la piedra de Ensisheim, y dejando a un lado que también fue guardada durante muchos años, su caída causó una profunda conmoción y determinó los actos de uno de los monarcas de la Europa de finales del siglo XV.

Poco antes del mediodía del día siete de noviembre de 1492 se oyó el retumbar de fuertes truenos en los valles altos del Rin. Momentos después, un chico que se encontraba en los alrededores de la ciudad amurallada de Ensisheim se quedó absolutamente pasmado al ver cómo una piedra enorme bajaba del cielo y caía en un campo de trigo cercano. Él fue el único testigo. Después de la explosión, que no sólo se oyó en Ensisheim sino también a más de cien kilómetros de distancia, hasta los Alpes, todo el mundo se preguntaba el motivo de tal estruendo y qué era lo que había pasado. Nadie supo contestar a estas preguntas hasta que los vecinos de Ensisheim escucharon lo que el chico, atemorizado y sollozando, les contó. Así pues, los vecinos se dirigieron al campo de trigo conducidos por el chico, por el camino que se dirigía al pueblo de Battenheim, a unos pocos kilómetros al sur de Ensisheim. Allá encontraron un agujero de un metro de profundidad y, en el fondo, una piedra que pesaba más de ciento veinte kilogramos. Muy pronto la noticia llegó a los oídos de todos los habitantes de Ensisheim y, como era de esperar, se estableció una discusión muy animada sobre qué era lo que debían hacer con la piedra. En la memoria de los más viejos no había ningún rastro de una explosión parecida a la que habían oídos momentos antes, y mucho menos de una piedra como aquella. A duras penas y con las ideas aún poco claras, los vecinos de Ensisheim sacaron el meteorito del agujero que había provocado al caer del cielo. Tenía forma triangular y todo él era de color negro. No pasó demasiado rato hasta que, finalmente, empezaron a romper la piedra con todo tipo de utensilios con el propósito de llevarse a casa un talismán que les traería buena suerte. Cuando las autoridades de Ensisheim llegaron al campo de trigo se escandalizaron al ver cómo la gente había empezado a romper la piedra y prohibieron continuar con esa práctica. Entonces llevaron la piedra al interior de la ciudad, delante de la puerta de la iglesia, donde se arremolinaron personas de toda la comarca para verla y donde empezaron a contarse historias fabulosas.

Unos días después, el veintiséis de ese mismo mes, el príncipe Maximiliano de Austria, hijo del rey Federico III, se dirigió a Ensisheim para ver la piedra que había caído del cielo. Maximiliano se quedó tan impresionado por aquel acontecimiento que ordenó trasladar el meteorito a su castillo de Koenigsburg, cerca de las murallas de la ciudad, e hizo traer sabios y consejeros a examinar la piedra. Después de unos cuantos días de deliberaciones, decidieron que se trataba de una señal divina y que Dios había enviado la piedra a Maximiliano para ayudarlo en sus hazañas contra los franceses. Maximiliano sacó dos pedazos del meteorito, uno se lo quedó él y el otro se lo regaló a su buen amigo Segismundo de Austria. Después devolvió la piedra al pueblo de Ensisheim con la orden explícita que debían conservarla tal y como estaba, sin sacar ningún otro trozo, en la iglesia, como testimonio eterno de aquel gran milagro. El meteorito fue encadenado dentro de la iglesia porque temían que pudiera marcharse de la misma manera que llegó, de repente y sin aviso alguno.

Así fue como este meteorito se ha podido preservar más de cinco siglos. Pero como sucedía a menudo con los acontecimientos excepcionales de la naturaleza, la caída de la piedra de Ensisheim también fue utilizada como arma de propaganda política y, antes de que acabara el año, ya se habían distribuido cuatro panfletos propagandísticos escritos por Sebastian Brant (1457-1521), el poeta de más renombre de aquellos tiempos del imperio. Gracias a la aparición reciente de la imprenta en los valles del Rin y que los panfletos contenían versos escritos en latín, pero también en alemán, muy pronto todo el mundo se enteró del fabuloso acontecimiento y que Maximiliano, después de esa señal divina, iba a enfrentarse al rey francés, Carlos VIII, su enemigo de toda la vida:

... El honor romano y la nación germánica están contigo, oh grandísimo rey. Toma como verdad que la piedra te fue enviada. Dios te avisa en tu propia tierra que debes armarte, oh rey pacífico, encabeza tu ejército. Deja que suenen las armaduras y los cañones rujan, deja que el triunfo resuene. Reprime el gran orgullo de Francia. Preserva tu honor y tu nombre.

Este grabado se imprimió en los panfletos escritos por Sebastian Brant sobre el meteorito de Ensisheim. Se ve con claridad el meteorito que cae envuelto en una nube en los alrededores de la ciudad amurallada (reproducción Francesc Llorca, 1995).

Efectivamente, Maximiliano y Carlos VIII fueron cultivando el odio durante muchos años después de múltiples peleas, y no sólo por motivos políticos sino también en el ámbito personal. Uno de los episodios más ruines giró en torno a la segunda esposa de Maximiliano. El año 1477 el duque de Bretaña, Francisco II, celebró el nacimiento de su hija Ana. Al no existir en Bretaña la ley sálica que prohibía a las mujeres ser coronadas, muy pronto Francisco II empezó a pensar en una boda que garantizase la soberanía de Bretaña ante la amenaza inminente del reino de Francia que, desde hacía tiempo, pretendía anexionarse aquellas tierras tan bellas y fértiles. Pero antes de que el duque decidiese el futuro marido de Ana, el ejército francés ocupó Bretaña en 1488. Francisco II se vio obligado a firmar el tratado de Sable, en virtud del cual debía entregar varias ciudades al rey Carlos VIII de Francia y, lo peor de todo, tenía que obtener el beneplácito del rey de Francia para casar a su hija. Al cabo de un mes de firmar el tratado de Sable, Francisco II murió, y su hija Ana se convirtió en la duquesa de Bretaña. Ante la amenaza creciente de una invasión por parte del reino de Francia, la duquesa Ana de Bretaña pidió ayuda al rey Enrique VII de Inglaterra, a los Reyes Católicos y al príncipe Maximiliano, todos ellos preocupados también por la posición expansionista del rey francés. De este modo, en marzo de 1490, Maximiliano y Ana —que entonces sólo tenía doce años— contrajeron compromiso de matrimonio, y en diciembre de ese mismo año tuvo lugar la boda en el castillo de Nantes. En la ceremonia —válida a todos los efectos— no pudo asistir Maximiliano, puesto que se encontraba ocupado en la reconquista de Viena tras la muerte del rey de Hungría, el cual desde 1485 tenía bajo su espada a esta ciudad tan apreciada por el imperio romano germánico.

Antes de que todo esto sucediera, Maximiliano había estado casado con la duquesa María de Borgoña, con la que tuvo una hija en 1480, Margarita de Austria. Dos años más tarde María de Borgoña murió y Maximiliano tuvo grandes dificultades para mantener Borgoña bajo su soberanía. Maximiliano perdió la lucha sobre estas ricas tierras frente al entonces rey de Francia, Luis XI. El consecuente tratado de Arras de 1482 supuso la renuncia a Borgoña por parte de Maximiliano y, lo que fue mucho peor, se vio obligado a comprometer en matrimonio a su hija Margarita —de tan sólo dos años de edad— con el hijo de Luis XI, nada más y nada menos que el entonces príncipe Carlos.

En 1491, mientras Margarita estaba en la corte francesa, Carlos VIII llevó a su ejército a Bretaña con la idea firme de anexionársela. Después de ocupar el territorio, asedió a Ana de Bretaña —la esposa de Maximiliano— que se encontraba refugiada en el castillo de Rennes. El rey Carlos de Francia ofreció a la duquesa Ana una escolta para que cruzase libremente el territorio francés y pudiera así reunirse con Maximiliano, si a cambio renunciaba a sus derechos sobre Bretaña. Como alternativa le ofreció casarse con él, de este modo podría continuar gobernando la Bretaña hasta que muriera. Ana en un principio rehusó abandonar Bretaña o casarse con el rey francés y aguantó el asedio durante muchos meses, pero finalmente se vio obligada a desistir y en diciembre de 1491 se casó con Carlos VIII. Con todo esto, Maximiliano perdió a su mujer y Bretaña y, además, su hija perdió el marido y el derecho a ser la reina de Francia. ¡Además Carlos VIII retuvo a Margarita como rehén más de un año y medio en Francia!

Aquel mismo año, el 1491, Maximiliano recuperó Viena y después buscó aliados para declarar la guerra a Carlos VIII. Los aliados fueron, en un principio, los reyes de Inglaterra y de España. Sintiéndose seriamente amenazado, Carlos VIII dio una cantidad sustanciosa a Enrique VII y cedió el Rosellón y la Cerdaña a los Reyes

Católicos. Maximiliano volvió a encontrarse solo frente a su enemigo. Maximiliano estaba en Metz cuando cayó el meteorito de Ensisheim y, como ya hemos dicho, fue de inmediato a verlo. En aquellos momentos de incertidumbre, Maximiliano se envalentonó con la opinión de los sabios y consejeros sobre la caída del meteorito, según la cual la piedra la había enviado Dios para ayudarle en la guerra contra Carlos VIII. Decididamente, Maximiliano declaró la guerra al rey de Francia y en enero de 1493 sus tropas obtuvieron una victoria contundente en la batalla de Salins. Gracias a esta victoria y en virtud del tratado de Senlis, Maximiliano recuperaba Borgoña y, lo que era más importante, su honor.

Tras el triunfo de Maximiliano sobre el rey Carlos VIII en la batalla de Salins, el mismo Sebastian Brant celebró la hazaña escribiendo otro poema dirigido al rey y, una vez más, relacionó de manera explícita la victoria de Maximiliano con la caída de la piedra de Ensisheim:

Como ya dije la piedra no miente, la piedra que cayó en Ensisheim y la suerte que trajo este año te seguirá y bendecirá hasta que abandones esta vida.

Maximiliano creyó tanto en el meteorito, la piedra divina que Dios le había enviado como signo, que organizó una nueva cruzada contra los turcos, los cuales ocupaban Constantinopla desde 1453 y empezaban a amenazar las tierras más orientales de la casa de los Habsburgo. Pero el imperio en aquellos días empezaba a ser una confederación de pequeños territorios gobernados por numerosos nobles y eclesiásticos y Maximiliano ni pudo recaudar los fondos necesarios para la cruzada en su propio imperio ni encontró aliados en otros reinos. La cruzada nunca tuvo lugar y en 1529, diez años después de la muerte de Maximiliano, los turcos ya amenazaban Viena. Por su parte, la hija de Maximiliano, Margarita, acabó casándose con el príncipe Juan, hijo de los Reyes Católicos.

Este grabado muestra una lluvia de piedras del cielo sobre un caballero, emergiendo de una nube en llamas. Corresponde al infolio CIII de la Crónica de Nuremberg, o *Liber Chronicarum*, publicada en 1493 y en la que se explica la historia del mundo desde la creación (reproducción Francesc Llorca, 2004).

Durante muchos años después de las gestas de Maximiliano, la piedra de Ensisheim fue custodiada y considerada como uno de los tesoros más valiosos de

Alsacia, y muchas personalidades, estudiosos y también curiosos fueron a verla. Paracelso (Theophrastus von Hohenheim, 1493-1541), el alquimista de más renombre de la época además de médico y filósofo (él mismo adoptó el nombre de Paracelso porque se veía *más grande que Celso*, el autor del libro de medicina más usado durante el Renacimiento), fue una de las personalidades que estudió el meteorito de Ensisheim. De hecho, una noche del mes de febrero de 1528, un amigo despertó a Paracelso para avisarle que al amanecer lo encarcelarían debido a las ofensas que había incurrido hacia un noble de renombre cuando éste no quiso pagarle una visita médica. De inmediato Paracelso huyó de Basilea a caballo y se dirigió a Alsacia. Así fue como llegó a Ensisheim. Una vez allí y de acuerdo con su talante, se puso a examinar la famosa piedra que se encontraba fuertemente sujeta con cadenas en el interior de la iglesia de la ciudad. En su libro *Liber Meteorum*, obra póstuma publicada en 1569, Paracelso concluyó que la piedra de Ensisheim se componía por fragmentos de rocas más pequeñas que se habían formado por la acción de relámpagos en zonas altas del cielo. Tales fragmentos —escribió— se mantenían en suspensión mientras el ambiente se mantenía caliente, pero al enfriarse coagulaban en una única piedra que caía al suelo. Paracelso añadió además que este proceso también era el responsable de la caída de trozos de metal del cielo, refiriéndose sin lugar a dudas a otras caídas de meteoritos conocidas. Como era de esperar, Paracelso tampoco hizo demasiados amigos en Ensisheim, ya que de sus explicaciones se deducía que la caída de la piedra era un fenómeno perfectamente natural y que, por tanto, no tenía nada que ver con signos divinos. Paracelso se marchó de Ensisheim y durante muchos años todo el

En el libro *Prodigiorum ac Ostentorum Chronicon* de Conrad Lycosthenes, publicado en 1557 en Basilea, se describe la caída del meteorito de Ensisheim. En el libro aparece este grabado para ilustrar el peligro que suponía la caída de piedras del cielo (reproducción Francesc Llorca, 2004).

mundo siguió creyendo que el meteorito era una bendición de Dios al emperador Maximiliano. Los cronistas y los escritores continuaron transcribiendo la historia como lo hemos hecho aquí, más o menos, y la piedra de Ensisheim permaneció en la iglesia de la ciudad, viendo como ésta fue destruida y saqueada en múltiples ocasiones durante la guerra de los treinta años (1618-1648). El meteorito siguió en la iglesia un siglo y medio más, hasta el año 1793, cuando Casimir Karpff, comisario de la revolución francesa, lo hizo trasladar al Museo

Nacional de la ciudad de Colmar, no muy lejos de Ensisheim, donde él era el director. Ahí estuvo hasta que después de la segunda guerra mundial se volvió a llevar a Ensisheim. En la actualidad el meteorito de Ensisheim puede ser admirado en el Ayuntamiento, en una caja de cristal.

Han transcurrido más de quinientos años desde su caída y muchas, muchas historias a su alrededor. Hoy en día, por supuesto, sabemos que la piedra de Ensisheim es como cualquier otro meteorito caído del cielo, pero ¿se la puede considerar como una más de las que se han recogido en todo el mundo? En Ensisheim saben que no, y aún hoy explican que una mañana de noviembre de 1492 se oyó una gran explosión y que un rey...

III. LA PLATA DE LAS AMÉRICAS

El meteorito de Ensisheim fue visto por Cristóbal Colón mientras exploraba el continente americano. Las crónicas cuentan cómo Colón y el resto de la tripulación de los navíos vieron una espectacular bola de fuego cruzando el cielo hacia el viejo continente. Lo que no explican las crónicas es si este hecho animó, o por el contrario asustó, a los aventureros, pero lo cierto es que al llegar al continente los españoles se quedaron boquiabiertos al ver otra cosa. Algunas tribus de indios utilizaban hierro para hacer las puntas de sus flechas. ¿Cómo era posible si aquellos indios no parecía que pudiesen dominar el arte de la forja en caliente ni la extracción de hierro de los minerales? ¿De dónde habían obtenido el hierro?

Únicamente existía una respuesta posible, y ésta era que los indios trabajaran en frío pedazos de metal caídos del cielo, como se sabía que en el viejo mundo ocurría a veces. Cuenta el historiador de cultura religiosa Mircea

Eliade (1907-1986) que cuando Hernán Cortés preguntó a los jefes aztecas de dónde obtenían el hierro de sus flechas y cuchillos, éstos le mostraron el cielo. De hecho, en los yacimientos precolombinos de aztecas, mayas e incas no se han encontrado rastros de hierro terrestre, todo el hierro de sus utensilios ha resultado ser de origen meteorítico. En las láminas veintisiete y veintiocho del Códice Colombino mesoamericano aparecen ilustraciones referidas a la caída de piedras del cielo.

En 1576, muchos años después de la llegada de los primeros exploradores, el capitán Hernán Mexia de Miraval condujo una expedición a la península del Chaco, Argentina, con la finalidad de hallar una gran masa de metal de la que los indígenas hablaban y conocían su ubicación. Éstos decían que el gran bloque de metal había caído del cielo, en un lugar llamado *Piguem Nonraltá*, que fue traducido como *Campo del cielo* —un nombre muy acertado— y que de allí sacaban los trozos que les hacían falta para fabricar utensilios, como por ejemplo puntas de flecha. Esta fue la primera expedición destinada a encontrar un meteorito de la cual se conservan documentos escritos.

El Gran Chaco está situado en el centro de América del Sur y está delimitado por el oeste con la región Andina, por el norte con los bosques tropicales, por el este con los ríos Paraguay y Paraná, y por el sur con la Pampa. Abraza de manera parcial el sur de Bolivia, Paraguay y el nordeste de Argentina. Se trata de una gran planicie sedimentaria de más de medio millón de kilómetros cuadrados recubierta de arena y barro, lo que hacía más fácil poder encontrar la masa de metal de la que hablaban los indígenas. La expedición de Hernán Mexia de Miraval partió, según las órdenes del gobernador de las provincias del Tucumán, Gonzalo Abreu y Figuerola, de Santiago del Estero, la ciudad más antigua de Argentina y que había sido fundada unos pocos años antes, en 1553. Tras un largo y doloroso viaje lleno de adversidades, Mexia de Miraval encontró el bloque de metal, a más de doscientos cincuenta kilómetros de Santiago del Estero. El bloque de metal, de varios metros de longitud, se encontraba en parte enterrado en el suelo. Mexia de Miraval desestimó la posibilidad que el objeto pudiera haber caído del cielo, porque pensó que se trataba de la parte más externa de una gran mina de hierro. De acuerdo con esto le dio el nombre de *Minero de hierro*. Antes de volver a Santiago del Estero, Mexia de Miraval sacó unos trozos del bloque de metal. Allí, un herrero los caracterizó como hierro de una pureza extrema. El veintiocho de febrero de 1584 Mexia de Miraval presentó un informe en el que explicaba las dificultades y peligros de la expedición, como por ejemplo las prácticas caníbales de los indios chiriguanales, y donde describía el bloque de metal del Chaco. Durante los años siguientes nadie dio un paso para explotar la supuesta mina de hierro y el informe de Mexia de Miraval cayó en el olvido, quizás porque nadie deseaba encontrarse con los indios chiriguanales...

No se sabe exactamente cómo, pero lo cierto es que en el siglo XVIII las leyendas de los indios que hablaban del metal caído del cielo incorporaron el hecho que éste también contenía plata. A los oídos de los españoles, cualquier cosa que tuviera relación con la plata despertaba un interés de todos conocido. Así fue cómo Bartolomé Francisco de Maguna, un oficial de Santiago del Estero, capitaneó la segunda expedición a Campo del cielo. Esto tuvo lugar en 1774, doscientos años después de la aventura de Mexia de Miraval. La expedición de Francisco de Maguna encontró el bloque de metal con facilidad gracias al informe de Mexia de Miaraval, y calculó su peso en veintitrés toneladas. El minero de hierro pasó ahora a llamarse *Mesón de fierro*. Francisco de Maguna sacó muestras del bloque de metal de nuevo y las envió a las Cortes Reales de Madrid. Unos meses más tarde llegó un informe de las Cortes Reales en el que se decía que el metal estaba constituido por un 80% de hierro de pureza extraordinaria, ¡y que el 20% restante era plata! Cuando la noticia llegó a Lima en 1776, el virrey de Perú y Chile ordenó a Francisco de Maguna volver a Campo del cielo con la finalidad de elaborar un mapa detallado del depósito y traer más muestras. Ese mismo año se creó un nuevo virreinato en el Río de la Plata, con capital en Buenos Aires, que tenía jurisdicción sobre la mayoría de las tierras de la actual Argentina, Uruguay, Paraguay y Bolivia, lo que incluía, naturalmente, el Gran Chaco. De acuerdo con esto, el virrey de Perú y Chile envió el informe de los análisis hechos en Madrid al virrey de Buenos Aires, Pedro de Ceballos. El virrey de Buenos Aires se puso muy contento al saber que en sus tierras había una mina de plata y, en 1777, solicitó urgentemente al rey de España un cargamento de mercurio para poder hacer la extracción de la plata allí mismo, en Campo del Cielo. El cinco de junio de 1778 se enviaron cerca de noventa toneladas de mercurio desde Almadén, Huelva, a Buenos Aires. El mercurio se transportaba dentro de pieles de cerdo.

Mientras todo esto ocurría, el oficial Francisco de Serra y Canals no se acababa de creer el informe de las Cortes Reales y realizó, por su cuenta, más análisis químicos. ¡Serra y Canals encontró que en las muestras del Mesón de fierro no había rastro alguno de plata! Cuando el virrey se enteró de que los análisis realizados por Serra y Canals no concordaban con el informe de las Cortes Reales no dudó en encargar a otro explorador una nueva expedición al Chaco. La tercera expedición a Campo del cielo partió el veinte de julio de 1779 y fue capitaneada por Francisco de Ibarra. Francisco de Ibarra volvió con nuevas muestras del bloque de metal y el Virrey las envió a Madrid para que fueran analizadas otra vez. En esta ocasión no se repitió la pifia y los análisis no encontraron más que hierro de una extraordinaria pureza. Ya no había más plata. No se sabe qué es lo que hicieron en Buenos Aires con las noventa toneladas de mercurio, pero lo cierto es que a finales del siglo XVIII el hierro ya era lo suficientemente interesante por él mismo y su demanda era cada vez mayor. En 1783 el virrey de Buenos Aires organizó otra expedición al Chaco, esta vez encabezada por el lugarteniente de la Armada Real Española y académico de la Real Academia de Historia de España Miguel Rubin de Celis, que tenía como objetivo delimitar el potencial del Campo del cielo como fuente de hierro.

Fragmento de un meteorito de Campo del cielo. El interior metálico y brillante de este meteorito, al igual que el resto de los meteoritos metálicos, se debe a que está constituido esencialmente por hierro y otros elementos en estado metálico, pero no porque contengan plata u otros metales preciosos. El ejemplar mide unos 6 cm de lado.

Rubin de Celis mandó cavar a los más de doscientos hombres que lo acompañaban una fosa alrededor del Mesón de fierro y lo que encontraron fue una masa de hierro muy irregular y llena de cavidades. Pero lo que más sorprendió a todos fue que se trataba de un bloque aislado de metal, no una mina como se creía. Rubin de Celis no contempló la posibilidad que el Mesón de fierro pudiera ser un meteorito, sino que concluyó que se trataba de un bloque expulsado por un volcán. De este modo llegó a la conclusión que el bloque de metal no tenía ningún interés como para ser explotado como fuente de hierro y allí lo dejó. Rubin de Celis escribió un informe detallado de su expedición y del Mesón de fierro que fue traducido al inglés, francés y alemán y publicado en varias revistas científicas de toda Europa, como la *Philosophical Transactions of the Royal Society*, en 1788. Además, envió muestras del Mesón de fierro al presidente de la Real Sociedad de Londres y a otros científicos notables de la época. Sin saberlo, los trabajos de Rubin de Celis introdujeron a Europa el meteorito de Campo del cielo, y los análisis químicos que más tarde se hicieron con las muestras que él mismo envió a varios investigadores permitieron descubrir que, tal y como habían dicho los indios del Chaco desde siempre, este bloque de metal venía del cielo.

Durante todo el siglo XIX y a medida que el Chaco se fue poblando por colonos europeos se encontraron más trozos de metal en Campo del cielo, algunos de ellos de más de una tonelada de peso. Uno de los bloques más famosos fue el denominado *Otumpa*, que se encontró en 1803 y que fue utilizado, precisamente, para forjar armas para la Guerra de la Independencia contra España. En 1825, cuando la independencia ya era un hecho, el gobierno argentino obsequió al Reino Unido con los restos de Otumpa (unos seiscientos treinta y cinco kilogramos de peso), como señal de la voluntad de establecer buenas relaciones comerciales con este país. En la actualidad se puede contemplar el meteorito de Otumpa en el Museo Británico de Londres.

De manera más reciente, una de las investigaciones más interesantes que se han llevado a cabo en Campo del cielo la realizó en los años 1962-1963 una expedición científica conducida por William Cassidy, de la Universidad de Pittsburgh. Después de estudiar con detenimiento los más de veinte cráteres de impacto ocasionados por la caída de los bloques de metal, algunos de ellos de varios metros de profundidad, se vio que éstos se encontraban dispersados en un área de unos cien kilómetros de largo por tres de ancho. Según esto, la caída de los fragmentos de metal tuvo lugar como una auténtica lluvia, que seguro dejó bien aterrorizados a los habitantes de la época. En uno de los cráteres, el equipo de Cassidy encontró bolsas de carbón atrapadas, que casi seguro fueron el resultado de la quema de vegetación durante la caída del meteorito. La medida del isótopo carbono-14 de este carbón permitió saber que el meteorito cayó hace unos cuatro mil años. En aquellos tiempos el Chaco estaba habitado de manera tímida por diferentes tribus de indios. Sin duda alguna, éstos fueron testimonios directos de la lluvia de trozos de metal del cielo e, inmediatamente, lo habrían incorporado a sus relatos. En la tradición indígena existen numerosas referencias a la caída del Sol que muy bien podrían corresponder a la caída de los bloques de metal de Campo del cielo:

...entonces cayó el Sol y por todos lados el fuego consumió árboles, plantas, animales y hombres. Algunos mocobíes por miedo al fuego se lanzaron al río y se convirtieron en capiguarás y caimanes. Dos de ellos,

marido y mujer, se refugiaron en lo más alto de un gran árbol, desde donde vieron correr ríos de fuego que ahogaban toda la tierra, pero una gran llamarada les quemó la cara y convirtió en micos.

En Campo del cielo se han encontrado miles de fragmentos del meteorito, que suman en total más de cincuenta toneladas, y aún hoy resulta difícil pasear por allí sin encontrar algún trozo pequeño. Y esto provoca, por desdicha, que exista un auténtico mercado negro.

La verdad es que el tema del comercio de meteoritos es un tema complicado. Por un lado, el hecho de que exista un mercado extenso de coleccionistas permite que en ocasiones se recuperen meteoritos que, si no fuera por el interés en venderlos, nunca se recuperarían. Pero por otro lado se fomenta así una especulación absurda que, con frecuencia, pone las cosas difíciles a los científicos. Entre los museos, por ejemplo, existe la costumbre de dejarse ejemplares y hacer intercambios en beneficio de las dos partes, pero muchas veces algunos tipos raros de meteoritos sólo están en manos de especuladores o comerciantes que sólo persiguen su venta al precio más alto posible. Esto entorpece el trabajo de la mayoría de los científicos, que dependen de subvenciones públicas para ejercer su trabajo. Es urgente establecer una legislación que garantice que una parte de los meteoritos que se encuentran vayan a parar a manos públicas, tal y como se hace con los hallazgos arqueológicos, por ejemplo. En algunos países el propietario de un meteorito es el propietario del terreno donde ha caído. Esto —todo hay que decirlo— ha despertado la mejor picaresca en algunos casos. Sirva la siguiente historia para ilustrarlo.

En otoño de 1902, Ellis Hughes se encontraba recogiendo leña en el bosque que rodea la ciudad de Willamette, en Oregón, Estados Unidos, cuando de repente se encontró delante de un trozo de metal con una forma que recordaba la de una campana medio enterrada en el suelo. Después de darle vueltas a la cabeza, Hughes dedujo —de manera correcta— que se trataba de un meteorito metálico. Era —y continua siendo— el meteorito más grande encontrado en América del Norte; mide más de un metro de altura y más de dos metros de largo. Pero el meteorito no estaba en las tierras de Hughes, sino en las de sus vecinos, la *Oregon Iron and Steel Company*. Ya es casual, podían ser los terrenos de cualquier persona o empresa, pero no, ¡eran las tierras de una empresa dedicada precisamente al hierro! Hughes sabía que, desde el punto de vista legal, el meteorito pertenecía a la Oregon Iron and Steel Company y, por esto, decidió transportar el bloque de metal a su propiedad. El cometido no fue nada fácil porque la distancia que separaba las dos propiedades era de más de un kilómetro de terreno abrupto y bosque frondoso, el meteorito pesaba cerca de trece toneladas, y Hughes sólo tenía a su hijo de quince años y un caballo para realizar la tarea. Pero Hughes era tozudo y pensaba en el dinero que sacaría en la venta del ejemplar. Estuvo, nada más y nada menos, que medio año para limpiar el bosque y adecuar un camino para poder transportar el meteorito a sus tierras. Además, como que Hughes era muy listo, continuó el camino en sentido opuesto para despistar a los curiosos y a la Oregon Iron and Steel Company. Después construyó un carro con troncos de abeto —ruedas incluidas— capaz de aguantar las trece toneladas de metal. Fueron precisos tres meses más para completar la pesada tarea de llevar el meteorito a su propiedad y unas grandes dosis de destreza con el uso de cuerdas y poleas. Cuando Hughes tuvo, finalmente, el meteorito en su casa, construyó una cerca y lo exhibió al público cobrando una pequeña cantidad de dinero, como si de una feria se tratara.

A principios del siglo XX Ellis Hughes trasladó el meteorito de Willamette, de trece toneladas de peso, desde el bosque donde lo encontró hasta su casa, donde lo exhibió una temporada a los curiosos previo pago de veinticinco centavos americanos (fotografía Lake Oswego Public Library).

Después todo fue mucho más deprisa. Primero la noticia se esparció por todo el estado y el periódico de Portland, el *Oregonian*, anunció el descubrimiento del meteorito más grande de los Estados Unidos. Esto atrajo a mucha gente a la granja de los Hughes. Entre los visitantes hubo numerosos científicos que corroboraron el origen celeste del metal, pero también un abogado de la Oregon Iron and Steel Company. Cuando el abogado se percató del camino reciente que comunicaba los terrenos de Hughes con los de su empresa, hizo una rápida asociación de ideas. Pocos días más tarde, la

Oregon Iron and Steel Company interpuso una demanda a Ellis Hughes por haber robado el meteorito. En el juicio, Hughes admitió haber trasladado el bloque de metal desde la propiedad de la Oregon Iron and Steel Company hasta su casa, pero también argumentó a su favor que el meteorito había sido propiedad de los indios Clackamas que, muchos años atrás, lo utilizaban como piedra sagrada (mojaban las puntas de las flechas y lanzas en el agua que quedaba retenida en las concavidades del meteorito —al que llamaban como *Tomanowos*, que significa persona del cielo— antes de salir de cacería) y que, por tanto, era una propiedad privada abandonada que podía ser prendida libremente. El juez, como era de esperar, falló a favor de la Oregon Iron and Steel Company.

Pero la historia no acaba aquí. Rápidamente, dos vecinos de Hughes interpusieron otra demanda, esta vez a la Oregon Iron and Steel Company, aduciendo que, en realidad, el meteorito estaba en sus tierras y que había sido la Oregon Iron and Steel Company quien había robado el meteorito primero. Como pruebas presentaron fotografías de lo que podía haber sido el cráter originado por la caída del meteorito. El juez despachó el juicio en dos días y falló de nuevo a favor de la Oregon Iron and Steel Company. Hughes, por su lado, apeló la decisión del juez a las Cortes Supremas de Oregón y, dado que el proceso duró varios meses, el meteorito quedó bajo la vigilancia del Sheriff del condado, quien tuvo que ahuyentar a menudo con su escopeta a los ladrones que por la noche querían llevarse un trozo del mismo. Al fin, las Cortes Supremas aprobaron el veredicto definitivo según el cual el meteorito era propiedad de la Oregon Iron and Steel Company. Una vez finalizado el pleito, el meteorito de Willamette se expuso en una feria en Portland, donde la mecenas William Dodge lo compró por 20.600 dólares y lo donó al Museo de Historia Natural de Nueva York con la condición de que siempre debería conservarse entero. Así se hizo y hoy en día el meteorito de Willamette constituye una de las piezas más singulares del planetario de este museo.

IV. LAS PRUEBAS DEFINITIVAS

En la Europa que vio caer la piedra de Ensisheim y en la América donde los descubridores encontraron los trozos de metal de Campo del cielo, el pensamiento del ser humano no estaba preparado para entender y discernir la naturaleza de lo que pasaba, a pesar de que, desde siempre, se conocían relatos de piedras que habían caído del cielo. Con la llegada de la ilustración, o siglo de las luces, la ciencia fue adquiriendo cada vez más y más protagonismo. Ya no había nada —o muy pocas cosas— que no pudieran ser estudiadas y analizadas con el método científico, cada vez más presente en todos los ámbitos. La caída de piedras y trozos de metal del cielo y, sobre todo, las historias fantasiosas asociadas con aquellas, no pasaron desapercibidas a los científicos de la época, que de manera mayoritaria creían que eran el resultado de la imaginación de la gente poco acostumbrada a la observación de los fenómenos naturales.

Esta creencia se enraizó de manera especialmente fuerte en Francia, entre otras cosas porque uno de los químicos más grandes que hayan existido jamás, Antoine Laurent de Lavoisier (1743-1794) —que se puede decir que revolucionó la química del mismo modo que Newton lo hizo con la física unos años antes— dijo que las piedras que cayeron el trece de septiembre de 1768 en Lucé eran rocas vulgares que habían sido alcanzadas por un rayo y no piedras que hubieran caído del cielo. En concreto Lavoisier dijo que las piedras de Lucé eran parecidas a la pirita, un sulfuro de hierro muy abundante en la corteza terrestre. Y claro, ¿quién se atrevería a contradecir la figura de Lavoisier, el padre de la química moderna que acabó con la idea del flogisto? Lavoisier, una de las grandes figuras que dio el siglo de las luces, acabó guillotinado en manos de los revolucionarios franceses, pero bajo su influencia otros científicos —también en Francia— continuaron creyendo durante mucho tiempo que no era posible la caída de piedras del cielo y que estas piedras que en ocasiones caían se formaban en la atmósfera por procesos de coagulación. Entre estos científicos se encontraban Pierre Simon Laplace (1749-1827), conocido sobre todo por sus estudios de mecánica celeste, y Siméon Denis Poisson (1781-1840), conocido por haber aplicado de manera brillante las matemáticas en diferentes campos de la física. También había otros científicos que argumentaban que las piedras que caían del cielo eran rocas expulsadas por los volcanes de la Luna, porque en aquel entonces se pensaba de manera mayoritaria que los cráteres de la Luna eran volcanes y no —como sabemos ahora— cráteres originados, precisamente, por el impacto de meteoritos. Jean Baptiste Biot (1774-1862), conocido por sus trabajos acerca de la polarización de la luz y electromagnetismo, era uno de los defensores de esta teoría.

Pero la naturaleza es como es y los meteoritos siguieron cayendo por todos lados y bajo todo tipo de condiciones atmosféricas: días nublados, días claros, días soleados..., lo que hacía difícil creer que éstos tuvieran relación con algún tipo de fenómeno atmosférico. De este modo, las numerosas evidencias de caídas de piedras y trozos de metal del cielo empezaron a interesar e intrigar cada vez más a los científicos, puesto que no encontraban ninguna explicación lo suficientemente convincente. La primera investigación profunda que se llevó a cabo para discernir la posibilidad que realmente pudieran caer piedras y trozos de metal del cielo la llevó a cabo el ruso de origen alemán Ernst Florens Friedrich Chladni (1756-1827), miembro de la Academia de Ciencias de San Petersburgo. Chladni destacó con anterioridad en el campo de la física y, concretamente, fue quien asentó los principios de la acústica moderna.

El hecho de que Chladni se interesara por el estudio de los meteoritos fue motivado por una conferencia a la cual asistió. La conferencia la impartió Georg Christoph Lichtenberg (1742-1799), profesor de la Universidad de Göttingen, en la que defendió la idea que las estrellas fugaces las provocaban cuerpos que procedían del espacio cuando éstos entraban en la atmósfera a gran velocidad. De manera inmediata, Chladni quiso dar un paso más y registró a fondo las bibliotecas de Göttingen para estudiar los numerosos documentos que, a lo largo del tiempo y en lugares muy alejados entre sí, explicaban cómo se habían encontrado y visto caer piedras del cielo después de haberse visto —y a veces oído— grandes bolas de fuego en el cielo. Uno de los artículos que leyó con más atención fue, precisamente, el informe que Rubin de Celis había escrito sobre Campo del cielo y las historias de los indígenas. Para Chladni, que antes de dedicarse a la ciencia había estudiado para abogado, los relatos podían tener el mismo peso que un enunciado, de manera que los consideró como pruebas claras que, efectivamente, las piedras que caían del cielo debían venir del espacio exterior bajo la influencia de la fuerza de la gravedad terrestre. Chladni expuso su teoría en un pequeño libro de sesenta y tres páginas escrito en alemán y publicado en Riga en abril de 1794, *Über den Ursprung der von Pallas gefundenen and anderer ihr ähnlicher Eisenmassen und über einige damit in Verbindung stehende Naturerscheinungen* (Sobre el origen del hallazgo de Pallas y otras masas de hierro parecidas y sobre algunos otros fenómenos naturales relacionados), donde además daba también argumentos para contradecir algunas de las teorías que sostenían que los meteoritos se habían formado en la atmósfera a través de la fusión de partículas de polvo bajo la acción de los rayos o incluso por la influencia de auroras boreales, por ejemplo. Por primera vez se publicaba un libro donde se hacía una conexión entre los meteoritos y el espacio exterior.

Chladni estudió a fondo el hallazgo de un bloque de metal en un lugar remoto de Siberia y que se conoce como el meteorito de Pallas. Casi todos los meteoritos caídos o encontrados en los continentes habitados llevan por nombre el lugar donde han caído o del pueblo más cercano, pero en el caso del meteorito de Pallas su nombre se debe a que fue Pyotr Simon Pallas (1741-1811) quien lo dio a conocer, aunque no fuera él quien lo encontró. En 1749, unos veinte años antes de que Pallas viera el meteorito, un cosaco retirado de nombre Yakov, que también era herrero y cazador, estaba buscando oro y animales en las montañas de Bolshoi, al sur de Siberia. Inesperadamente se encontró delante de un afloramiento mineral de magnetita —un óxido de hierro— que le hizo pensar en la posible existencia de una mina que podía albergar metales preciosos. Cuando Yakov volvió a su casa a orillas del río Yenisey, a unos veinte kilómetros de distancia, informó a las autoridades mineras de Krasnoyarks, la ciudad más importante de los alrededores (a unos doscientos kilómetros río abajo), de la posible existencia de una mina. Por supuesto había una buena recompensa por parte del gobierno para cualquiera que encontrase depósitos minerales. Las autoridades de Krasnoyarks enviaron de inmediato al ingeniero de minas Johan Mettich a examinar el afloramiento mineral que había encontrado Yakov. Pero después de su estudio, Mettich concluyó que el afloramiento no tenía suficiente interés comercial.

Pero mientras Yakov y Mettich examinaban los alrededores para buscar otros afloramientos minerales, de repente encontraron en el medio del bosque un objeto metálico de superficie irregular, más o menos esférico y de unos setenta centímetros de diámetro. Al golpearlo con un martillo, el objeto desprendía un sonido vivo y muy agradable al oído. En un principio Mettich vio con interés al bloque de metal, pero se extrañó mucho al no encontrar ningún otro parecido en los alrededores. Dado que había ido hasta ese lugar con el único propósito de valorar el afloramiento mineral de hierro que había encontrado Yakov, Mettich volvió a Krasnoyarks y se olvidó del objeto extraño que habían encontrado. Pero Yakov no, sino que quedó cautivo de él. Durante el invierno siguiente volvió al lugar con un caballo y un trineo para llevarse aquella cosa curiosa de setecientos kilogramos de peso a su casa. Y allí fue donde Pallas presuntamente lo vio. Pallas, que más tarde llegaría a ser profesor del emperador Alejandro I, estaba haciendo un inventario de la historia natural de Siberia por encargo de la Academia de Ciencias de San Petersburgo (la misma a la que pertenecía Chladni), que incluía formaciones montañosas, especies animales, fósiles, plantas, y también estudios sobre las diferentes etnias que vivían allí. Uno de los asistentes de Pallas fue a parar al pueblo de Yakov y vio el misterioso trozo de metal en su jardín. El asistente pidió a Yakov un fragmento del objeto para enseñarlo a Pallas y éste accedió de manera gentil. Cuando Pallas examinó el trozo de metal se dio cuenta que no tenía ningún parecido con cualquier otro objeto que hubiera visto antes. Se trataba de un pedazo de metal macizo que, además, contenía cristales verdes de olivino, un tipo de silicato común. Pallas nunca pensó que pudiera tratarse de un meteorito, sino que pensó que el objeto de metal era el resultado de algún fenómeno geológico terrestre. Por este motivo no se llevó el bloque de metal inmediatamente de vuelta a San Petersburgo, sino que lo hizo transportar en trineo hasta un puerto, donde se estuvo hasta el verano para que un barco lo trasladara a otro lugar, donde se estuvo hasta el otro invierno para que otro trineo lo llevara a otro puerto, etc. Tuvieron que pasar cuatro años y tres meses antes de que el meteorito llegara, finalmente, a San Petersburgo en mayo de 1776. Y allí se encontraban Pallas y Chladni para darlo a conocer al mundo.

En el momento en que se publicó el libro de Chladni, los astrónomos hacía tiempo que estaban preocupados para llenar el vacío planetario aparente que había entre Marte y Júpiter. En 1766 dos astrónomos alemanes, Titius von Wittenburg y Johann Elert Bode, se dieron cuenta de que las distancias de los planetas al Sol mantenían una relación matemática bastante simple: $d=0,4+0,3x2^n$, donde *d* representa la distancia en unidades astronómicas (una unidad astronómica equivale a la distancia media

Tierra-Sol) y *n* un número entero que va aumentando en una unidad para cada planeta a medida que nos alejamos del Sol. Para el caso de Mercurio *d=0,4* directamente, para Venus *n=0*, etc. Pues bien, esta relación fallaba al pasar de Marte a Júpiter, era como si faltara un planeta a 2,8 unidades astronómicas que aún no se había descubierto. Por este motivo durante muchos años los astrónomos se lanzaron a buscar el planeta perdido, sobre todo después de que en 1781 Sir William Herschel descubriera Urano a la distancia que preveía la llamada *regla de Titius-Bode*. Finalmente, el primer día del año 1801 el astrónomo y sacerdote siciliano Giuseppe Piazzi (1746-1826) descubrió lo que se creyó que era el planeta perdido y lo llamó Ceres, en honor a la diosa romana de la agricultura.

Pero Ceres no era lo suficientemente brillante como para ser considerado un planeta y otros astrónomos siguieron buscando. El año siguiente, el astrónomo alemán Heinrich Wilhem Olbers descubrió otro cuerpo también pequeño, que bautizó con el nombre de Pallas, a la misma distancia que Piazzi había encontrado Ceres. Pocos años después, en 1804 y 1807, ya se habían descubierto dos cuerpos más entre Marte y Júpiter, Juno y Vesta, y el número fue creciendo año tras año. Lo que los astrónomos encontraron no fue un planeta sino una colección de pequeños planetas, los asteroides. Hoy en día conocemos más de veinte mil asteroides y sabemos que aún hay muchos más en lo que llamamos el cinturón principal de asteroides. Pero a pesar de su gran cantidad, la masa de todos los asteroides juntos es menor que la masa de la Luna, por ejemplo. Es decir, que lejos de la imagen de una zona tan repleta de pedazos de roca que es difícil de ser atravesada por las naves espaciales, tal y como nos enseñan muchas películas de ciencia-ficción, en realidad el cinturón de asteroides está mucho más vacío.

Ante el hecho de la existencia de numerosos asteroides, la teoría de Chladni según la cual las piedras y trozos de metal que caían del cielo provenían de cuerpos en el espacio en órbita alrededor del Sol fue adquiriendo cada vez más consistencia. Por otro lado, y de manera casi paralela al descubrimiento de los asteroides, se empezaron a realizar análisis químicos de meteoritos, que cada vez más atraían la atención de numerosos científicos. Los pioneros en el análisis de meteoritos fueron Charles Barthold, profesor de la *Ecole Centrale* del Alto Rin, y Joseph Louis Proust.

Proust nació en 1754 en Angers, Francia. Después de permanecer tres años en el Seminario Patriótico de Vergara, fue profesor de química y metalurgia primero en la Escuela de Artillería de Segovia y después en Salamanca y Madrid, donde dirigió el Laboratorio Real. A la muerte de Carlos IV —que había sido su protector— Proust volvió a Francia, donde ingresó en la Academia de Ciencias en 1816. En 1799, mientras estaba en España, Proust leyó en los *Annales de Chimie* el informe que Rubin de Celis escribió sobre Campo del cielo. A Proust le pareció tan interesante el artículo que enseguida escribió a de Celis pidiéndole un trozo del Mesón de fierro para analizarlo.

Lo primero que sorprendió a Proust fue el estado nativo del metal, es decir, encontrar el metal libre, dado que en la corteza terrestre el hierro siempre se presenta en estado oxidado. Realizó los ensayos químicos pertinentes y encontró que la muestra de Campo del cielo consistía en una aleación con una cantidad aproximada de 90% de hierro y 10% de níquel. Proust fue el primero en encontrar níquel en un meteorito y señaló que posiblemente su interior brillante habría sido el responsable que en su día se pensara que el Mesón de fierro contenía plata. A partir de ese momento, uno de los criterios más utilizados para identificar meteoritos es, precisamente, si éstos contienen níquel o no, puesto que en la corteza terrestre existe una media, más o menos, de un átomo de níquel por cada doscientos átomos de hierro mientras que en los meteoritos hay un átomo de níquel por cada veinte de hierro. De hecho, el níquel fue descubierto por Axel Cronstedt en las minas de Sajona en 1751, pero entonces no se pensó que fuera un elemento químico nuevo sino una apariencia diferente del hierro. No fue hasta 1796, tan sólo tres años antes que Proust analizara el Mesón de fierro, que el níquel fue reconocido como un elemento químico más, distinto del hierro.

Proust no sólo analizó el Mesón de fierro sino que también predijo que si se pudiera preparar artificialmente una aleación de hierro-níquel con la proporción encontrada en los meteoritos, ésta sería muy dura y resistente. Proust, no obstante, engrosó las páginas de la historia de la ciencia más tarde, una vez en Francia, cuando estableció una de las leyes más importantes de la química, la *ley de las proporciones constantes*. Esta ley, que dice que toda sustancia pura tiene una composición elemental en peso característica e independiente de cómo se haya preparado, sirvió de preludio a otra ley de carácter más general, la *ley de las proporciones definidas* de Dalton, en 1808. Vale la pena añadir que Michael Faraday —conocido sobre todo a raíz de sus trabajos sobre la inducción electromagnética— se inspiró en las predicciones de Proust cuando introdujo pequeñas cantidades de níquel en el acero (el acero es hierro con pequeñas cantidades de carbono) para mejorarlo en 1819.

Por su lado, Barthold estudió la famosa piedra de Ensisheim a principios de 1800. Tras realizar una inspección detallada del exterior del meteorito, llevó a cabo un análisis químico y encontró que éste contenía un 42% en peso de sílice, 17% de alúmina, 14% de magnesia, 20% de óxido de hierro, 5% de óxido de calcio y 2% de azufre. Esta composición química no tenía nada de especial, de modo que Barthold concluyó que la piedra de Ensisheim no había caído del cielo sino que se trataba de un tipo de arcilla ferruginosa parecida a la que existía en las montañas cercanas al lugar donde se encontró la piedra. Esto le hizo proponer que la piedra habría sido arrancada de la montaña por alguna tempestad o desprendimiento hasta que habría llegado al campo de trigo donde se encontró. Atrás quedaban todas las historias relacionadas con la caída de la piedra que, en opinión de Barthold, eran producto de la imaginación y superstición de los vecinos de Ensisheim. ¡Y Barthold dio aún un paso más al afirmar que la caída de piedras del cielo estaba prohibida por las leyes de la física!

Con todo esto, mientras Proust hablaba del metal que caía del cielo como un material con características propias y completamente distinto a todas las aleaciones que hasta entonces se conocían, pero de manera simultanea Barthold hablaba de la famosa piedra de Ensisheim como una roca cualquiera, empezaron a estar disponibles otros meteoritos que se habían visto caer en distintos lugares y que añadían material fresco al que ya existía, ¡y más leña al fuego! El dieciséis de junio de 1794, poco después de que el libro de Chladni viera la luz, cayó una auténtica lluvia de piedras en Siena, Toscana, donde se recogieron más de doscientos fragmentos. Un año y medio después, el trece de diciembre de 1795, una piedra de gran tamaño cayó en Wold Cottage, en Yorkshire (donde hoy se erige un monumento en conmemoración de lo ocurrido). También hubo

Ilustración correspondiente a la lluvia de meteoritos que cayó en Benarés, India, en diciembre de 1798 (reproducción Francesc Llorca, 2004).

una lluvia de piedras sobre Benarés, India, el diecisiete de diciembre de 1798. La sucesión de todas estas caídas y el interés creciente que había suscitado el libro de Chladni en las sociedades científicas hizo que Sir Joseph Banks, presidente de la Real Academia de Londres, al ver que las muestras que había obtenido de las caídas de Siena y Wold Cottage guardaban un parecido intrigante, pidiese al químico Edward Howard (1774-1816) que las analizase para tratar de saber qué eran y si estaban de acuerdo con los análisis publicados por Barthold.

Howard se tomó el reto muy en serio y en unos meses consiguió además muestras de otras piedras que se habían visto caer del cielo, como la que cayó en Tabor, Bohemia, en 1753. También consiguió muestras de los bloques erráticos de metal de Pallas y Campo del cielo, así como de otros encontrados en Senegal en 1716 y en Steinbach, también en Bohemia, en 1724. Con todo este material en sus manos, Howard pidió la ayuda de Jaques Louis, conde de Bournon (1751-1825), un destacado experto en mineralogía que se vio obligado a huir del Reino del Terror. Jaques Louis disgregó de manera manual y con mucha paciencia cada una de las piedras y clasificó su contenido en cuatro tipos de componentes bien diferenciados. Estos eran granos de metal, granos de sulfuros, unas esférulas pequeñas que llamó con el nombre de *glóbulos curiosos* y el resto o matriz que mantenía unidos a los componentes anteriores.

A continuación, Howard analizó cada uno de los componentes de cada meteorito de forma separada y encontró cosas muy interesantes. En primer lugar, los granos de metal —casi todo hierro— contenían níquel del mismo modo que Proust lo había encontrado de manera independiente en los trozos de metal errático de Campo del cielo. En segundo lugar, los granos de sulfuro tenían la composición estequiométrica correspondiente al sulfuro de hierro(II), o FeS. Howard y Louis bautizaron a esta fase mineral inicialmente como *pirita rara* (la pirita es FeS_2), que más tarde se llamaría troilita, en honor al monje benedictino Dominico Troili, quien

Todos los meteoritos que analizaron Howard y de Bournon fueron —por suerte suya— de la misma familia. En esta fotografía se muestra otro del mismo tipo (condrita ordinaria) encontrado en el Sahara. En su interior se distinguen los *glóbulos curiosos* o *cóndrulos*, los granos de metal y de sulfuro y la matriz. La fotografía corresponde a unos 3 cm de lado y muestra también la corteza de fusión negra que engloba al meteorito como resultado de la fricción con la atmósfera durante su caída.

describió en el año 1766 la caída de una piedra del cielo sobre Albareto, en Italia. En tercer lugar, fueron los primeros en describir y estudiar los "glóbulos curiosos" —que ahora conocemos con el nombre de *cóndrulos*— los cuales, como ya comentaremos en detalle más adelante, esconden uno de los misterios más grandes todavía por desvelar acerca de la formación de nuestro sistema planetario. Los dos investigadores observaron además que todas las piedras caídas del cielo que habían estudiado con tanto detalle eran muy parecidas entre ellas, pero en cambio muy diferentes a cualquier otra roca de la Tierra conocida hasta el momento. Los análisis químicos de las piedras, excluyendo los granos de troilita, dieron la siguiente composición: 48% sílice, 15% magnesia, 34% de óxido de hierro y 3% de óxido de níquel. Casi no había alúmina ni óxido de calcio.

Los trabajos de Edward Howard y Jaques Louis se publicaron en 1802, donde dijeron además —aunque sin hacer ningún análisis— que la famosa piedra de Ensisheim debería parecerse mucho a todas las piedras que ellos habían analizado. Lógicamente, los resultados conseguidos por los científicos en Inglaterra no gustaron nada en Francia, donde el químico Antoine François de Fourcroy (1755-1809) fue el nuevo encargado de volver a estudiar la piedra de Ensisheim. François de Fourcroy recibió unos once kilogramos del meteorito, nueve de los cuales se encuentran actualmente en el Museo de Historia Natural de París, e inmediatamente se puso en contacto con Nicholas Louis Vauquelin (1763-1829), otro químico de gran prestigio que hacía poco había empezado a estudiar por su cuenta los meteoritos caídos en Benarés y Barbotán (Francia, 1791), donde más de trescientas personas habían firmado ante notario un documento según el cual habían *visto* caer las piedras del cielo.

Vauquelin analizó la piedra de Ensisheim según la metodología establecida por Howard al tiempo que recibió de manos de Etienne de Drée, un destacado miembro de la Academia de Ciencias, muestras de las piedras que habían caído recientemente en Salles, cerca de Lyon, en 1798. De Fourcroy y Vauquelin publicaron los resultados de su trabajo en otoño de 1803. Encontraron que la piedra de Ensisheim contenía un 2,4% de níquel y nada de alúmina; unos resultados muy parecidos los obtuvieron Martin Heinrich Klaproth, Jöns Jakob Berzelius y Friedrich Wöhler en Berlín también con la piedra de

Ensisheim y Howard y Louis a partir del análisis de otros meteoritos.

Para acabarlo de redondear y por si acaso no habían caído suficientes meteoritos en Francia todos aquellos años, el veintiséis de abril de 1803, alrededor de la una del mediodía, tuvo lugar la caída de más de tres mil piedras en L'Aigle, Normandia, a unos ciento cuarenta kilómetros al noroeste de París. La Academia de Ciencias francesa encargó el estudio del acontecimiento a Jean Baptiste Biot que, como ya hemos dicho, era uno de los científicos que defendía un origen lunar para las piedras que caían del cielo. Dos meses después de la caída del meteorito, el joven Biot, con veintinueve años y armado con una brújula, un mapa de la zona a escala 1:86.400 y un ejemplar del meteorito de Barbotan, realizó un estudio de campo durante una semana. En un bolsillo guardaba los meteoritos que iba encontrando o que la gente le iba dando, y en el otro llevaba una libreta donde anotaba con todo detalle los relatos de la lluvia de piedras que contaban los campesinos, militares, curas, comerciantes...

Biot fue el primero en estudiar la distribución de las piedras que resultaba de una lluvia de meteoritos. En L'Aigle resultó ser la de una elipse de once kilómetros cuadrados con una distribución granulométrica perfecta, con los ejemplares más grandes en un extremo del eje mayor, los más pequeños en el otro extremo, y en el medio todos los otros ejemplares. Esta distribución estaba de acuerdo con la explosión en el aire de un cuerpo viajando a gran velocidad que, además, tuvo lugar en un día totalmente soleado. Por otra parte, las piedras que recogió Biot en L'Aigle eran muy parecidas a la piedra que tenía y que había caído del cielo en Barbotan. El informe que elaboró Biot sobre el meteorito de L'Aigle empezaba: *...le mardi 6 floréal de l'an XI vers una heure de l'après-midi, l'air était tranquille, le ciel était serein, quand on aperçut de Caen, de Pont-Audemer, et des environs d'Alençon, de Falaise et de Verneuil, un globe en flammes, d'un éclat très brillant, et qui se mouvait dans l'atmosphère avec beaucoup de rapidité.* En esa época en Francia todavía se utilizaba el calendario revolucionario. La descripción de la distribución elíptica de las piedras caídas en L'Aigle junto con todos los datos y relatos recogidos del acontecimiento permitieron a Biot ingresar en la Academia de Ciencias francesa. En el día de su ingreso, el presidente de la Academia dijo de Biot que *se descubría a un hombre que con su penetración, pensamiento y paciencia había constatado este trastorno aparente de la naturaleza.*

En 1819 Chladni publicó un segundo libro donde, gracias a todas estas descripciones y análisis químicos realizados, defendía con más contundencia que las piedras y trozos de metal que caían del cielo provenían del espacio. Si tiene sentido decir que alguien es el padre del estudio científico de los meteoritos, éste es Chladni. En pocos años se había pasado de considerar a las piedras y trozos de metal que caían del cielo como rarezas fantasiosas a tenerlas como una de las muestras más apreciadas y valiosas desde el punto de vista científico. Si estos objetos eran, como defendía Chladni, fragmentos de otros mundos que se encontraban deambulando por el espacio, entonces su estudio tenía que ser fascinante y tenía que permitir, por primera vez, saber cómo podían ser otros cuerpos del universo. Los meteoritos dejaron de ser "trastornos de la naturaleza" para convertirse en muestras científicas. Así fue como los museos de ciencia de todo el mundo se interesaron por conseguir muestras de meteoritos en sus vitrinas. Hoy en día algunas

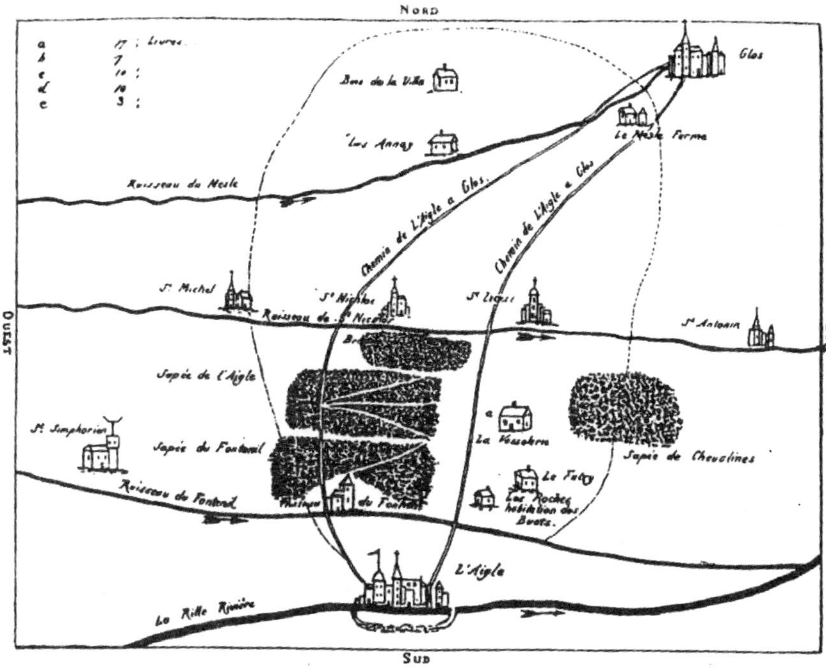

Este dibujo de campo fue realizado en 1803 por M. Marais, un ciudadano de l'Aigle. Es el primer mapa en el que se dibuja la distribución elíptica de una lluvia de meteoritos. Posteriormente Biot elaboró otro mapa más detallado. Marais escribió refiriéndose a la caída de los meteoritos. *un milagro desconcertante acaba de ocurrir en nuestro distrito.*

de las colecciones de meteoritos más emblemáticas se encuentran en la Smithsonian Institution, en Washington, y en los Museos de Historia Natural de Londres, París, Nueva York, Chicago, Berlín y Viena. Todas ellas juntas suman decenas de miles de fragmentos correspondientes a unas tres mil caídas distintas. Como veremos más adelante, el número de meteoritos recuperados en la actualidad se ha multiplicado considerablemente en los últimos veinticinco años.

V. CRÓNICAS LEJANAS

Mucho antes de que en el viejo continente se aceptara que los meteoritos eran auténticas joyas de la naturaleza que provenían del espacio, el ser humano ya había tenido una relación muy especial con las piedras y trozos de metal que caían del cielo. En las civilizaciones antiguas, muy acostumbradas a contemplar el firmamento y a integrar todos los acontecimientos naturales en la cultura, la caída de meteoritos tenía con frecuencia un papel destacado.

Así, en la mitología griega, Cronos —Saturno para los romanos— era quien conducía el universo. Con el miedo de ser destronado por alguno de sus hijos —tal y como le había dicho su madre, Gaia, que ocurriría— Cronos adoptó la mala costumbre de comerse a sus hijos tan pronto como nacían. Pero cuando nació Zeus, la esposa de Cronos, Rea, con la complicidad de Gaia y harta de no poder ejercer de madre, engañó a Cronos dándole una piedra arropada en sábanas en lugar de su hijo. Cuando Zeus creció, destronó a Cronos, que durante su huida vomitó la piedra que se había tragado. La piedra cayó en el centro del mundo, y en ese lugar se construyó el templo de Apolo, en Delfos, para venerar la piedra u ómfalo (del término griego *omphalós*, que significa ombligo) que había caído del cielo. El templo de Apolo se convirtió en uno de los lugares de culto más importantes de la antigüedad. No sabemos, según la leyenda, cuando cayó la piedra, pero lo que sí sabemos es que hubo una que era venerada en este templo en el año 180 dC, cuando el célebre cronista Pausianas escribió que había visto cómo los monjes del templo veneraban una piedra que había caído del cielo y que cada día la untaban con aceite para preservarla. ¿Se inspiró el relato mitológico en la caída de un meteorito?

El gran pensador griego Aristóteles (384-322 aC) se ocupó también de este fenómeno. En sus obras *De Caelo* y *Meteorologica* explicó, de acuerdo con sus principios cosmológicos, por qué caían piedras del cielo. El filósofo dividía el universo en dos partes, por un lado la esfera de las estrellas fijas, donde todo era perfecto e inalterable, y por el otro el mundo que se encontraba bajo la Luna, al cual pertenecía la Tierra y donde las cosas eran imperfectas y cambiantes. Pero justo en la frontera de estas dos zonas había un tipo de materia combustible, seca y caliente a la vez, que al acercarse a la Tierra sufría algo así como una exhalación y daba lugar a las estrellas fugaces y a los meteoritos. Aristóteles describió con gran detalle los mecanismos y los movimientos de estas exhalaciones a las que dio explicaciones bastante complicadas. A pesar de ello, este punto de la ortodoxia aristotélica llegó a convencer incluso a Descartes (1596-1650) muchos siglos después.

La caída de un meteorito en Roma también influenció de manera notable el curso de la historia de la antigua civilización romana, de manera parecida a como ya hemos visto que ocurrió en Ensisheim. A finales del siglo III aC los cartagineses, con Aníbal al frente, amenazaban de manera firme la República romana. En este clima de inseguridad, en el año 205 aC una bola de fuego impresionante cruzó el cielo de Roma. Las autoridades romanas, después de consultar los libros de las Sibilas —que tenían el don de predecir el futuro— concluyeron que la bola de fuego era en realidad una señal divina según la cual Aníbal podía ser derrotado si la *gran madre Idea* era llevada a Roma.

La Gran Madre Idea era una piedra que había caído del cielo hacia el año 2000 aC en Frigia, Asia Menor. El meteorito estaba en el templo de Pesina, donde se rendía culto a Cibeles, diosa de la fertilidad. Allí llegó una delegación de Roma encabezada por Escipión Nasica para pedir al rey Átalo que les dejara llevar la Gran Madre Idea. En un principio Átalo se negó, pero, cosas del destino, ese mismo día hubo un terremoto cerca de donde estaba el rey, el cual, interpretándolo también como una señal, accedió al traslado de la piedra. Allí mismo construyeron un barco que transportó la Gran Madre Idea hasta Roma por el río Tíber. Desde el puerto llevaron la piedra en procesión hasta el templo de la Victoria. Con la moral rehecha, los romanos expulsaron Aníbal de la península Itálica y, además, conquistaron Cartago. Ante la magnitud de los hechos, las autoridades romanas mandaron construir un templo dedicado a la Gran Madre Idea en el monte Palatino, donde según Tito Livio (59 aC-17 dC), autor de la *Historia de Roma*, la piedra fue venerada durante centenares de años.

En uno de los treinta y siete volúmenes de la *Historia Natural* de Plinio el viejo (23-79 dC) se encuentran más relatos de meteoritos que cayeron durante la civilización romana: *a veces los cielos se abren y caen piedras que parecen sangre y fuego que golpean la Tierra*. Plinio explicaba la caída de las piedras citando a Anaxágoras (500-428 aC), quien había vaticinado la llegada de piedras del Sol. No deja de ser casual que Plinio muriera aplastado por una piedra, que no cayó del cielo sino mientras estudiaba la erupción del Vesubio... También en Roma, en tiempo de Numa Pompilio, a un trozo de metal caído del cielo se le dio forma de escudo. Se creía que su posesión fortalecía y protegía a quien lo llevara, lo que hizo del escudo un objeto muy codiciado. Lo mejor del caso, no obstante, es que las audaces autoridades romanas mandaron hacer once escudos de hierro exactamente iguales con la finalidad de evitar el posible robo del escudo mágico. De este modo, si alguien pensaba en robar el escudo hecho con el meteorito tendría mucho más trabajo, ¡y nunca sabría cuál era el auténtico!

La caída del imperio romano fue precedida por la coexistencia y competencia de una gran variedad de religiones. Además de las divinidades romanas, el judaísmo y el cristianismo, en algunas ocasiones el mismo emperador también adoptaba el protagonismo de un dios, y en otras se rendía culto a dioses de origen griego, hebreo o egipcio. En esta amalgama de divinidades, uno de los dioses más considerados era el Sol, es decir, Apolo, Helios o Heliogábalo. El culto al Sol era conocido en Roma de mano de los sirios mucho antes de Julio César, pero se convirtió realmente dominante con el emperador Vario Avito Basiano. Gracias a una maniobra organizada por su abuela, Basiano fue proclamado emperador en junio del año 218, con tan sólo catorce años de edad.

Poco tiempo después, el emperador se cambió el nombre por el de Heliogábalo, que era el dios que quería que la gente adorase. Pero en lugar de hacerse cargo del imperio, Heliogábalo se dedicó de manera obsesiva a venerar al dios Sol y a otros menesteres lascivos. Una de sus obsesiones fue un meteorito, la que por entonces se conocía como piedra de Emesa y a la que se le dedicaron dos templos, uno en el monte Palatino y otro en las afueras de la ciudad.

Heliogábalo rendía culto cada día al meteorito vestido con sedas y con las mejillas pintadas de rojo y blanco, al tiempo que se realizaban cantos y danzas y se sacrificaban toros y ovejas. Heliogábalo mandó también adornar una carroza con oro y piedras preciosas con la que transportaba la piedra de Emesa entre los dos templos. Cuatro caballos blancos tiraban de la carroza que, obviamente, sólo podía ser conducida por Heliogábalo. A su paso, todos tenían que realizar reverencias al emperador y al meteorito. De hecho, Heliogábalo conducía de espaldas para no dar la espalda a la piedra de Emesa y en el suelo de la carroza había oro en polvo para evitar que ésta pudiese tropezar. Hoy en día podemos ver en los museos arqueológicos las monedas que Heliogábalo mandó acuñar, donde se ve una cuádriga arrastrando la carroza con el meteorito. El comportamiento extravagante y negligente de Heliogábalo duró poco, porque a los dieciocho años el emperador y su madre fueron asesinados por la guardia Pretoriana. Sus cuerpos mutilados fueron arrastrados por las calles de Roma. Por lo que al meteorito se refiere, éste fue retornado discretamente al templo de Emesa, en Siria, donde años después fue utilizado en la construcción de una iglesia cristiana en el siglo IV dC. En su lugar se alza hoy una mezquita.

Reverso y anverso de una moneda romana correspondiente a la época del emperador Heliogábalo. Además del busto del emperador se observa con claridad una cuádriga cargando la piedra de Emesa, un meteorito caído en Siria (reproducción Francesc Llorca, 2004).

Por lo que a la caída de meteoritos en oriente se refiere, una de las crónicas más antiguas que se conocen fue escrita por Confucio (551-470 aC) sobre un meteorito que cayó en el año 645 aC. Desde entonces se han recopilado más de trescientas crónicas de caída de meteoritos en libros chinos. Mu Tuan Lin (1245-1325), por ejemplo, estudió las caídas de meteoritos en China durante los siglos XII y XIII y las recopiló en la Gran Enciclopedia China.

En el mundo árabe la caída de piedras del cielo tampoco pasó desapercibida. En la Meca hay una piedra sagrada en la *Kaaba*, o casa de Dios, el santuario más importante de los musulmanes donde deben ir de peregrinación, como mínimo, una vez en la vida. La tradición dice que esta piedra cayó del cielo y fue entregada a Abraham de la mano del arcángel Gabriel. Antes del nacimiento del Islam, la Kaaba era asimismo un centro de culto importante para los árabes, donde había trescientos sesenta ídolos. En el año 630 el profeta

Mahoma (570-632), el fundador del Islam, fue a la Meca, donde veneró la piedra sagrada y después eliminó a todos los ídolos del santuario para convertirlo en un lugar de veneración a Alá. Desde ese momento la piedra se convirtió en un símbolo del Islam y sufrió distintos ataques. La secta herética de los Qarmatian robó la piedra de la Kaaba en el año 930, la cual no pudo ser recuperada hasta veintiún años más tarde. En 1050 un califa egipcio envió un hombre a destruirla. Más tarde, en 1626, la Kaaba fue incendiada dos veces. Todos estos atentados hicieron que la piedra sagrada se fragmentara en unos quince trozos. En la actualidad, la piedra sagrada se encuentra restaurada y confinada en un marco de plata en una de las aristas de la Kaaba, donde es venerada por unos dos millones de peregrinos cada año, que la tocan y besan con reverencia. El rito de la circunvalación de la Kaaba empieza precisamente en la piedra sagrada. Los peregrinos deben dar siete vueltas en sentido antihorario a su alrededor, del mismo modo que la Tierra gira alrededor del Sol. A pesar de que no ha sido posible hasta el momento efectuar un análisis detallado, la piedra sagrada de la Kaaba no parece que sea en realidad un meteorito, sino un vidrio formado por el impacto de un meteorito colosal que cayó en Wabar, en el desierto de Arabia Saudita, y que originó un cráter. Estos vidrios se conocen con el nombre de *tectitas* y más adelante hablaremos de ellos con detalle.

Además de su relación con la divinidad, el mundo antiguo valoró también de manera especial los trozos de metal que caían del cielo como un material raro y excelente a la vez para la elaboración de materiales exclusivos. El proceso de descubrimiento de la metalurgia fue lento, pero revolucionó la vida de las sociedades antiguas. Tanto, que uno de los criterios con los que los

Grabado del año 1517 en el que se muestra la caída de un meteorito sobre un árbol y una persona. El árbol queda partido por la mitad y la persona resulta herida a raíz del impacto del meteorito (reproducción Francesc Llorca, 2004).

arqueólogos dividen los tiempos antiguos es según los materiales que utilizaban las culturas para construir herramientas. Así hablamos de la edad de piedra, la edad de bronce, la edad de hierro, etc. Cada una de las diferentes edades supone una mejora tecnológica, tanto en lo referente a los utensilios como en la manera de construirlos. En la edad de piedra, el ser humano daba forma y función a las piedras sirviéndose de otras más duras. La edad de bronce apareció durante el tercer milenio aC, cuando se trabajó primero el cobre y se descubrió después su aleación con el estaño, es decir, el bronce, con unas prestaciones claramente superiores. Entonces, hacia el año 1400 aC los hititas en el Asia Menor descubrieron que el hierro se podía extraer sin demasiada dificultad de los minerales que lo contienen que, por otro lado, son muy comunes y abundantes. Nacía así la edad de hierro.

Con el hierro el ser humano era capaz de construir armas y herramientas más duras y resistentes que con cualquier otro material, lo que proporcionaba una notable superioridad a quien lo poseía. Como cualquier otra novedad tecnológica puntera, en su momento el hierro era motivo de envidia hasta que estuvo al alcance de todo el mundo. ¡Pero antes de la edad de hierro, éste ya era conocido por algunas civilizaciones de la mano de los meteoritos metálicos! En la tumba del faraón Tutankhamon, del siglo XIV aC, por ejemplo, se encontró en el año 1922 una daga y diecisiete herramientas más hechas de hierro casi puro. Este hierro sólo pudo provenir de un meteorito, porque los trozos de metal que caían del cielo eran la única fuente posible de hierro metálico en aquellos tiempos. Los análisis químicos efectuados con la daga y otros objetos de hierro encontrados en múltiples yacimientos arqueológicos anteriores a la edad de hierro han confirmado en todos los casos que fueron fabricados a partir de meteoritos metálicos. Otros ejemplos de joyas, amuletos y otros utensilios construidos a partir de meteoritos metálicos antes de la aparición de la edad de hierro lo constituyen nueve collares encontrados en las tumbas sesenta y siete y ciento treinta y tres de Gerzeh, en Egipto, que datan del 3500-3300 aC, un amuleto encontrado en la tumba de la princesa Aashait, también en Egipto (2050-2025 aC), una placa en forma de media Luna y un broche en la tumba de Alaça Hüyük, en Turquía (2400-2200 aC), una herramienta del cementerio real de Ur, en Irak (2500 aC), hachas en Troya, Turquía (2400-2200 aC) y Ras Shamra, Siria (1450-1350 aC), y un amuleto en un palacio cretense, Grecia (1600-1400 aC). Se entiende, entonces, que los egipcios llamaran al hierro como *trueno del cielo*, los sumerios y los propios hititas como *fuego del cielo* y los asirios como *metal del cielo*. Más tarde los griegos también llamarían el hierro como *síderos*, es decir, que *tiene relación con los astros*.

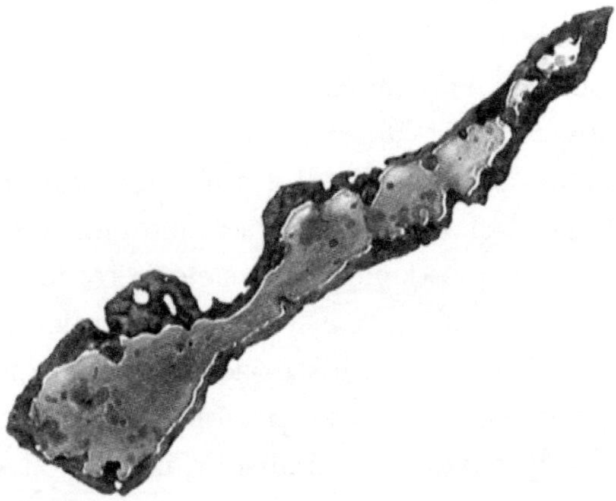

Corte pulido del meteorito de tipo metálico encontrado en el año 2000 en Ryazan, Rusia. Los meteoritos metálicos son materiales compactos y duros que pueden convertirse en herramientas y objetos punzantes. No es de extrañar, entonces, que fueran usados con este fin por las civilizaciones antiguas. El ejemplar mide unos 14 cm de largo.

VI. EL METEORITO DE LA GUERRA DE SUCESIÓN ESPAÑOLA

En España, como en todos sitios, también han caído meteoritos. Que sepamos, han caído alrededor de una treintena, la mayor parte de los cuales se encuentran en el Museo Nacional de Ciencias Naturales de Madrid, aunque también hay ejemplares distribuidos por otros museos e instituciones de todo el mundo. Las caídas se han registrado por toda la geografía española: Oviedo y Cangas de Onís (Asturias, 1856 y 1866), Reliegos (León, 1947), Varea (Logroño, 1842), Berlanguillas (Burgos, 1811), Madrid (1896), Olmedilla de Alarcón (Cuenca, 1929), Guareña y Olivenza (Badajoz, 1892 y 1924), Ojuelos Altos (Córdoba, 1926), Sevilla (1862), Cabezo de Mayo, Molina de Segura y Los Martínez (Murcia, 1870, 1858 y 1894), Mallorca (1935), Quesa (Valencia, 1898), Roda (Huesca, 1871), Nulles (Tarragona, 1851), Cañellas (Barcelona, 1861),... y ¡Villalbeto de la Peña (Palencia, 2004)! A éstas hay que añadir algunos meteoritos más que se han encontrado por casualidad y que no se sabe cuando cayeron: Colomera (Granada, 1912), Girona (1899), Garraf (Barcelona, 1905), Valencia (1932)...

El meteorito de Ojuelos Altos, de casi seis kilogramos de peso, cayó el diez de diciembre de 1926 en un campo de cultivo de cereales y originó un hoyo de unos treinta y cinco centímetros de profundidad, lo que ocasionó la burla de los pueblos vecinos: *¡Cómo serán los de Ojuelos Altos, que hasta desde el cielo los apedrean!* El trozo más grande del meteorito que cayó el veinte de julio de 1892 en Guareña pesaba unos treinta y dos kilogramos y cayó a tan sólo cincuenta metros de unos labradores, quienes lo extrajeron del hoyo de setenta y cinco centímetros de profundidad que hizo el meteorito al caer en tierra de labor. Diversos fragmentos del meteorito de Olivenza cayeron el diecinueve de junio de 1924 a seis metros de cuatro hermanos que estaban faenando en un olivar, quienes relataron que *no se percibieron del fenómeno hasta oír tres fuertes detonaciones; entonces alzaron las cabezas y vieron venir hacia ellos una gran masa que ardía como una estrella, envuelta en humo blanco*. La piedra que cayó en Molina de Segura en 1858 pesaba ciento trece kilogramos, y el trozo de metal encontrado bajo el suelo de un patio de una casa de Colomera en 1912 era de ciento treinta y cuatro kilogramos. A las nueve y media de la mañana del diez de febrero de 1896 tuvo lugar una lluvia de meteoritos sobre Madrid. Entre otros sitios cayeron fragmentos en la Moncloa, en el Paseo de la Castellana (¡donde un fragmento atravesó el periódico que estaba leyendo en ese momento un transeúnte!), en la calle Serrano, en el Colegio de las Ursulinas, en las Ventas del Espíritu Santo, en el Puente de Vallecas, etc. La mayor lluvia de meteoritos registrada en España es la que tuvo lugar en Cangas de Onís a las nueve de la mañana del día seis de diciembre de 1866, de la que se llegaron a recoger hasta treinta y seis piezas, la mayor de ellas con un peso de más de once kilogramos. Dos de los meteoritos caídos en las inmediaciones de la ciudad de Oviedo el día cinco de agosto de 1856 atravesaron el tejado de una casa y fueron recogidos en una habitación.

En el momento de escribir este libro tuvo lugar la caída de un meteorito en Villalbeto de la Peña y otros pueblos cercanos, en Palencia, un poco antes de las seis de la tarde del día 4 de enero de 2004. Se puede decir que fue toda una suerte, ¡porque hacía más de medio siglo de la última caída conocida de un meteorito en España (Reliegos, 1947)! La caída de este meteorito fue acompañada por una bola de fuego espectacular que fue vista por miles de personas desde toda la parte septentrional de la península ibérica. La bola de fuego, más brillante que la Luna llena, se empezó a ver cuando estaba sobrevolando Portugal a unos ochenta kilómetros de altura. Al cabo de unos instantes y siguiendo una trayectoria de sudoeste a nordeste, la bola de fuego explotó varias veces entre las provincias de León y Palencia, a unos veinte kilómetros de altura. La explosión causó una onda de choque que hizo temblar los cristales de las casas de los pueblos más cercanos. A continuación, una lluvia de meteoritos cayó, como mínimo, en parajes de las localidades palentinas de Villalbeto de la Peña, Recueva y Tarilonte, a medio camino entre Guardo y Cervera de Pisuerga. Al cabo de una semana los lugareños encontraron los primeros fragmentos. Se organizó entonces un grupo de rastreo formado por voluntarios y miembros de las agrupaciones astronómicas de León y Palencia que buscaron, durante varias semanas, más meteoritos en estrecha relación con un grupo de trabajo interdisciplinar formado por científicos de distintas universidades y centros de investigación. También se organizaron campañas de búsqueda por parte del Museo Nacional de Ciencias Naturales. En total se encontraron más de quince fragmentos del meteorito dispersados en un área elíptica de unos diez kilómetros cuadrados. Por desgracia se acercaron también por allí algunos mercenarios extranjeros con el propósito de llevarse meteoritos para colecciones particulares o para venderlos en el mercado internacional. Algunos lo consiguieron. El peso total de todos los meteoritos recuperados fue algo más de dos kilogramos.

La caída más antigua de un meteorito en España de la que se tiene constancia y de la que se conserva aún algún fragmento es la que tuvo lugar el diecisiete de noviembre de 1773 en Villanueva de Sigena, cerca de Sena, Huesca. Proust publicó un trabajo en 1804 relacionado con el análisis de este meteorito. Pero también existen registros de caídas de meteoritos más antiguas, a pesar que de éstas no se conservan ejemplares. Según el filósofo hispanomusulmán Averroes (1126-1198), en el siglo XII cayó un meteorito de tipo metálico de unos cuarenta y cinco kilogramos de peso en las cercanías de Córdoba, que fue utilizado para forjar una espada. Otras crónicas recogen la caída de meteoritos en otras localidades, como Roa (Burgos, 1438); entre Oliva y Gandía (Valencia, 1520), donde uno de los meteoritos se guardó en la iglesia de Santa María; Los Rábanos (Soria, 1791-1795) y Terrassa (Barcelona, 1704). Precisamente la caída de este último se relacionó con la Guerra de Sucesión española.

El día dos de octubre del año 1700 murió el rey Carlos II de España, *el hechizado*, sin dejar descendencia. Después de múltiples vicisitudes palaciegas y la muerte misteriosa de José Fernando de Baviera, descendiente de Felipe IV de Castilla, dos candidatos acabaron disputándose la corona española. Por un lado, el archiduque Carlos de Austria, que era sobrino de la reina de España Mariana de Neuburg; por el otro, el duque Felipe de Anjou, que era nieto del rey de Francia Luis XIV. Ya en el lecho de muerte y bajo circunstancias poco claras, Carlos II acabó por designar al duque Felipe de Anjou como su sucesor. Esto no fue del agrado de los otros reinos vecinos, que veían cómo una alianza entre Francia y España ponía en peligro el equilibrio de fuerzas que había en aquellos tiempos en Europa. Además, estaba también en juego el monopolio del comercio con las Américas. De este modo, Inglaterra, los Países Bajos y el Imperio Austríaco constituyeron la Gran Alianza de la Haya en 1701, a la que más tarde se unirían Portugal y Saboya, para dar apoyo a las reivindicaciones del archiduque Carlos de Austria. En marzo de 1702 estalló la guerra entre la Gran Alianza y los reinos de Francia y España, donde el duque Felipe de Anjou era el nuevo rey de España (Felipe V). Era la Guerra de Sucesión española, considerada como el primer gran conflicto bélico de la Europa moderna. La postura absolutista de Felipe V no agradó en Cataluña, que veía cada vez más amenazadas sus libertades y Constituciones. De este modo, la oposición a Felipe V fue en aumento en Cataluña y en verano de 1705 tuvo lugar un alzamiento a favor del archiduque Carlos de Austria, entonces proclamado como rey Carlos III de España. En este ambiente bélico y justo unos meses antes —nada más y nada menos que el mismísimo día de Navidad de 1704— tuvo lugar la caída de un meteorito en Cataluña, un meteorito que originó una bola de fuego impresionante que cruzó buena parte del cielo del prelitoral catalán y que fue vista en un trayecto de más de cien kilómetros.

En el *Ceremonial dels Magnífichs Consellers y Regiment de la Ciutat de Barcelona*, o *Rúbriques de Bruniquer*, por ser el notario Esteve Gilabert Bruniquer (1561-1641) el principal encargado de recopilar todos los antecedentes y disposiciones de privilegios y ceremoniales de la ciudad, se encuentra la siguiente descripción de la bola de fuego, según fue vista desde Barcelona, en su capítulo dedicado a *cosas prodigiosas y peregrinas*:

Dicho día, a las cinco de la tarde, hallándose el cielo sereno y sin nube alguna, de repente se vio una llamarada muy luminosa en la presente ciudad, saliendo y proviniendo, según testimonios fiables, del mar. Unos decían que tenía forma de barra o viga de fuego y otros que era como un globo con cola. Se abrió y formó tres nubes muy blancas que permanecieron en la región celeste más de media hora. Después de esta llamarada se oyó en el cielo como si dispararan piezas de artillería y posteriormente mucha mosquetería, durando todo ello aproximadamente el tiempo que se emplea en rezar tres credos. Quiera Dios mirarnos con ojos misericordiosos y concedernos su gracia. Amén.

Otro testimonio del mismo suceso lo encontramos en un texto autógrafo de otro notario, en este caso de Joan Ferrer Bordila, que vio la bola de fuego desde Verges, no muy lejos de Girona:

En el nombre de la Santísima Trinidad: Padre, Hijo y Espíritu Santo. Para que sea siempre recordado el suceso, sepan quienes el presente escrito leyeren que el jueves día veinticinco de diciembre de 1704, festividad de la Natividad de Nuestro Señor Jesucristo, entre las cinco y las seis de la tarde, estando el cielo sereno y el viento en calma, presenciamos cómo desde la parte de mediodía y en dirección a poniente, descendió del cielo una señal de fuego resplandeciente, algo parecido a un rayo muy brillante y, atemorizados todos, vimos cómo se precipitaba hacia el suelo. A continuación, no habría pasado ni medio cuarto de hora, oímos una especie de gran terremoto hacia Girona, lugar donde aparentemente habría caído dicha señal, como si entonces allí hubiera estallado la guerra o se estuviera librando una gran batalla. De todo ello inferimos el pronóstico de cual puede ser nuestra suerte. Quiera Dios que sea buena. Amén. Y quien lo presenció da testimonio de ello y de su propio puño y letra lo escribió en la villa de Verges el año, mes y día arriba señalados. En testimonio de verdad.

Grabado inspirado en los documentos históricos que narran la caída del meteorito del día de Navidad de 1704 en Cataluña (Francesc Llorca, 2003).

Desde Matadepera, cerca de Terrassa, tenemos otro testimonio escrito de gran valor que corresponde a unas anotaciones de un campesino, Miquel Batlles i Torres:

En diciembre de 1704, el día 25, que es Navidad, día del nacimiento de Nuestro Señor, hacia el atardecer, aproximadamente a la hora del toque de "Ave María", se vio en el cielo una señal muy escalofriante y espantosa, tanto que no hubo cristiano que la presenciara sin gran miedo y temor de Dios Nuestro Señor. Y esta señal yo, Miquel Batlles, la vi con mis propios ojos y era como sigue: se pudo ver desde toda la cristiandad, según afirma mucha gente docta y entendida en la materia. Se dio el caso que la señal apareció en el mismo punto en que se halla el sol al mediodía en verano, y por esta razón en todas partes lo pudieron ver sobre sus cabezas y también oír el gran estruendo. Salió dicha señal (con el cielo tan despejado que no se veía ni una sola nube) e iluminó la tierra como un relámpago. Entonces levanté la mirada y vi que en una parte del cielo se había abierto un gran orificio circular por el cual habría pasado fácilmente cualquier masía de Cataluña. El agujero se veía completamente enrojecido por un fuego muy ardiente y permaneció abierto el tiempo que se emplea en rezar un credo. El humo que desprendió tardó más de una hora y media en desaparecer. Inmediatamente después de que hubo desaparecido la señal de fuego, se oyó en el cielo algo parecido a un disparo de artillería, y como éste, otro y aun otro más, hasta que empezaron a oírse los tiros cada vez más seguidos y era ya imposible contarlos, asemejándose finalmente estos tiros a aquel sordo murmullo que suele preceder a las tormentas. El estruendo duró un cuarto de hora y siempre se oyó por encima de la cabeza de las personas en aquellos lugares desde donde se vio la señal de fuego. Y todo el mundo se asustó de ver lo que se vio y de oír lo que se oyó estando el cielo completamente despejado (...)

En sus *Narraciones Históricas sobre la Guerra de Sucesión española,* el noble de Montblanc Francesc de Castellví (1682-1757) escribió desde su exilio en Viena:

Esta centuria fatal a la Corona de Aragón la predecía con extraordinarios señales el Cielo. En 25 de diciembre a las 5 de la tarde se advirtió en toda Cataluña, y con particularidad más vivo sobre el hemisferio de Barcelona, un espantoso y horrendo meteoro. Era el tiempo sereno y la diafanidad del día añadió horror. Compareció de repente y descubrióse distintamente. Era la forma de un globo de fuego; el exterior, opaco; el centro, color de sangre. Salía de él tal esplendor que excedió con manifiesta ventaja la luz del sol, a modo de coruscación. Ceñíale una nube poco clara, y a ésta, otro giro tenebroso y denso que infundía espanto. Así permaneció adverso al sol un grande rato. Empezó lentamente a inflamarse entre oriente y mediodía; se extendió, lúcido, a occidente. Corrió toda la región entre septentrión y mediodía, como cubriéndola y allí acabó, manifestándose más inflamado y lúcido, como que caía sobre la tierra, dejando una larga señal de humo, a modo de nubecilla en forma de columna, que fue exaltándose poco a poco. Oyóse después un irregular trueno, cuyo estruendo duró un grande rato, como un continuo disparo de artillería y fusilería. Los estruendos eran formidables, alternados con intermisiones. Se advirtió por una hora no aquietarse del todo la región. Desvanecido el fuego, que servía de principal objeto a Barcelona, se extendió por toda la Cataluña (...)

A partir de la lectura de estos documentos se deduce que la caída del meteorito tuvo que ser, sin lugar a dudas, aterradora. Todos los relatos tienen mucho en común. En primer lugar, que aquel veinticinco de diciembre de 1704 el cielo estaba sereno, sin nubes, pero que al anochecer una gran bola de fuego con una luminosidad

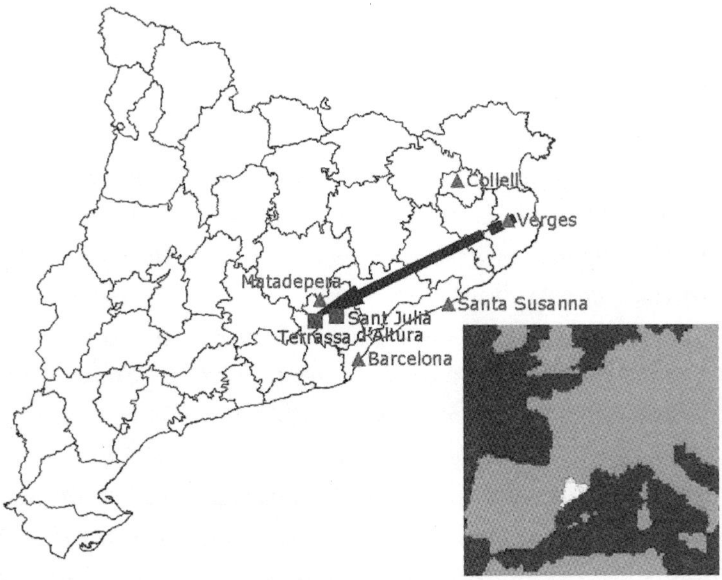

El día de Navidad de 1704, en plena Guerra de Sucesión, cayó un meteorito en Cataluña, que originó una bola de fuego en el cielo que fue vista y oída por muchas personas a lo largo de más de cien kilómetros. En el mapa se muestra la reconstrucción aproximada de la trayectoria así como los lugares desde donde se vio la bola de fuego (triángulos) y donde se recogieron meteoritos (cuadrados).

parecida a la de Sol atravesó el cielo, dejando una columna de humo. En segundo lugar, el fenómeno luminoso fue acompañado de un gran estruendo, parecido al que se conocía de los cañones y otras armas de fuego. A partir de los relatos se deduce también que la trayectoria de la caída del meteorito fue de nordeste a sudoeste, se empezó a ver más allá de Girona y acabó en los alrededores de Barcelona. En cuanto al lugar donde cayó el meteorito, el escrito de Miquel Batlles i Torres continua del siguiente modo:

(...) y en algunas partes se dijo que entonces, con el estruendo, cayeron del cielo unas piedras negras que

pesaban tres libras y otras que pesaban dos y media. Se dijo que en la Torre d'en Maduxé, de Sant Julià d'Altura, cayó una, y en casa de Falguera, de Sant Pere de Terrassa, otra. Y se dijo que también habían caído en otras muchas partes, y aunque nunca hemos visto tales piedras nos lo creemos porque todo concuerda y porque dicha señal y estruendo realmente fueron como he contado, a pesar de que en muchas prédicas de las piedras nunca se mencionó nada.

Por su lado, la descripción de Francesc de Castellví también hace referencia a los fragmentos caídos en Terrassa:

(...) Últimamente desapareció elevándose el vapor a la suprema región del aire. Quedó un poco nublado el día y terminó el horror de la densa sombra sustituyendo la noche las suyas. Cayeron en Tarrasa, cuatro horas distante de Barcelona, unas piedras algo crecidas de color negro y en el centro, cenicientas. Estos presagios dio la naturaleza, instruida de la Providencia; y aunque todos son vulgares fenómenos, amenaza Dios con ellos para correr a la enmienda de los vicios. Esto dio asuntos a varias interpretaciones, según lo vario de los efectos. Difundida la noticia en Europa, muchos lo consideraron presagio de lastimosos sucesos. En España se temió común infortunio; en Cataluña, atemorizó a los más; admiró a todos. A pocos les pareció preludio de felicidades. Los más reflexivos discurrieron vaticinio de sangrienta guerra en los límites de la Corona de Aragón, y en particular en Cataluña, y que la España toda sería sangriento teatro de infelicidades. Todo el vulgo lo tuvo a fatal agüero.

Así pues, según los documentos cayeron diversos fragmentos del meteorito en los alrededores de Terrassa, concretamente en Sant Julià d'Altura y Sant Pere de Terrassa. Los meteoritos pesaban alrededor de un kilogramo (las libras catalanas equivalen a cuatrocientos gramos) y tenían un exterior de color negro y un interior de color gris. Esto significa, con toda certeza, que se trató de la caída de un meteorito rocoso, no de un trozo de metal. El color negro del exterior de los fragmentos correspondería a la corteza de fusión ocasionada por la ablación atmosférica durante la caída, de unos pocos milímetros de grosor según ya hemos explicado. Sabemos que algunos de los fragmentos del meteorito se conservaron durante años y que incluso al menos uno de ellos fue estudiado por el mismo Chladni, pero por desgracia ahora ya nadie sabe dónde están. ¡Es una lástima que no tengamos ningún pedazo del meteorito para hacerle nuevas preguntas!

Todos los escritos que hablan de la bola de fuego que ocasionó la caída de este meteorito coinciden en atribuir un origen divino al suceso. La señal provenía del cielo y, además, lo hacía en una día tan emblemático para los cristianos como el mismo día de Navidad. En aquella guerra especialmente sangrienta no había ninguna otra posibilidad que considerar la señal como un aviso de lo que estaba sucediendo, aquí y en toda Europa. Era el presagio de que la Guerra de Sucesión también iba a enfrentar a los habitantes de España entre sí. El párroco Patllari Ombravella Monell del Santuario del Collell, al oeste de Girona, escribió:

... y con esto se inició la cruenta guerra y las penalidades, como así lo demuestran la experiencia y la práctica, que se hizo evidente (según el criterio y la experiencia de nuestros ancianos) en aquella gran señal de fuego que se vio el día de Navidad de 1704 al atardecer, aproximadamente a la hora del toque de oración, cuando apareció una especie de gran viga de madera ardiendo que caía del cielo y lo iba cruzando sin detenerse,

dejando de ser visible cuando fue a ponerse en la dirección que se encuentra entre mediodía tendiendo más hacia poniente. Y al perderse de vista la señal, se oyó un gran estruendo por aquella parte, era como un trueno muy intenso, como si la tierra se estremeciera o temblase, causando la admiración de cuantos lo oyeron, de entre los cuales los más experimentados y ancianos afirmaban que el fenómeno preludiaba e indicaba penalidades o guerra, como en realidad se puede comprobar y sucede en la práctica.

Las mismas sensaciones se pueden leer en otro documento, en este caso en las memorias de Francesc Gelat (1687-1722), un campesino de Santa Susanna, en un punto intermedio del litoral entre Girona y Barcelona:

También dejo constancia de que el día de Navidad de 1704, en cuanto se hubo puesto el sol, apareció una señal semejante a una gran barra de fuego, la cual cayó del cielo y causó gran espanto. Y descendió en dirección a poniente puesto que nosotros, que lo contemplábamos desde casa, lo vimos pasar sobre de la casa de Xirau. Después, al cabo de medio cuarto de hora, oímos un estruendo parecido a los disparos de cañones y mosquetes, con lo que todo el mundo pensó que Dios nos enviaba aquella señal anunciando las penalidades y la guerra que estamos padeciendo. Hoy, 12 de mayo de 1706 escribo esta nota. Si Dios me concede vida, seguiré anotando lo que vaya sucediendo.

En la *Miscel·lània científica* de un joven tendero, de nombre Josep Bolló, se encuentra un dibujo magnífico que muestra la división de la bola de fuego en tres fragmentos acompañado del siguiente texto:

Señal del cielo que con grandísimo estruendo apareció el día de Navidad del año 1704 a las cinco horas de la tarde. Fue una cosa muy horrorosa por encontrarse el hemisferio bien claro y cayó con gran estruendo y resplandor. Y según hemos observado, se puede decir que era presagio de las miserias y calamidades que ha sufrido y sufre todo el Reino de España y más en particular el Principado de Cataluña hasta el presente año.

Tenemos también en nuestras manos un documento de excepción que nos muestra cómo la caída del meteorito también fue utilizada con fines propagandísticos, de manera parecida a cómo Sebastian Brant atribuyó dos siglos antes la caída del meteorito de Ensisheim a una señal divina a favor del príncipe Maximiliano frente a los franceses. En este caso el documento lo escribió Joan Solar, un médico de Barcelona, que quiso argumentar que la caída del meteorito del día de Navidad de 1704 en Terrassa era una señal del cielo a favor del archiduque Carlos de Austria en la Guerra de Sucesión. El texto propagandístico fue impreso en Barcelona y contiene un grabado magnífico en el que se ve la caída de las piedras del cielo. El documento contiene además otras referencias a cometas y algunas disquisiciones de carácter astrológico. Un fragmento del texto donde se habla de manera explícita del meteorito dice:

Digo, pues, que denotan sus influencias prosperidades, y aumentos a Nuestro Rey, y Monarca Carlos Tercero (que Dios guarde) aunque la ambición de algunos Príncipes de poca lealtad, introducidos de secretas embajadas, procurarán para deshacer la Cesárea Alianza; Pero no obstante eso, serán de muy poco provecho; Porque los bélicos influjos de Marte, con la asistencia de otras Constelaciones de la octava Esfera, estorbarán los funestos accidentes de los contrarios, y con esto habrá también crueles guerras, derramamientos de Sangre, con muerte de Príncipe, y gente noble, revoluciones de pueblos con poca fe, y lealtad entre algunos, mudanza de Leyes, puestos, y otras cosas. Pues que diré de aquel prodigioso señal Celeste, que sucedió el día 25 de Diciembre de 1704. Día de la Navidad de Jesucristo Nuestro Señor, que pareció más milagroso, que natural, (...) De la misma suerte sucederán los aumentos, y progresos de la Casa de Austria, y en particular favorecerán dichos Influjos á nuestro Rey, y Monarca Carlos Tercero, como ya tengo dicho.

A diferencia de Sebastian Brant, no obstante, el médico barcelonés no tuvo tanto acierto. A pesar de que la evolución de la Guerra de Sucesión hacía creer en una victoria clara del archiduque Carlos de Austria, un hecho inesperado cambió el curso de los acontecimientos. En abril de 1711, el emperador de Austria José I murió, con lo que su hermano, quien no era otro que el archiduque Carlos, heredó la corona de Austria. Ante la amenaza que suponía entonces una alianza entre España y Austria, aún más temible que la alianza entre España y Francia, los reinos de la Gran Alianza decidieron negociar la paz con Luis XIV y reconocer a Felipe V como rey de España mediante los tratados de Utrecht (abril de 1713) y Rastatt (marzo de 1714). Cataluña fue abandonada a su suerte y las tropas de Felipe V sitiaron la ciudad de Barcelona. Un año y medio más tarde, el once de septiembre de 1714, las tropas borbónicas comandadas por el duque de Berwick tomaron Barcelona. Mediante la promulgación del Decreto de Nueva Planta (1716) Cataluña perdió todas sus instituciones políticas.

Grabado que acompaña el escrito de Joan Solar de 1705 y que ilustra la caída del meteorito del día de Navidad de 1704 sobre Terrassa (Biblioteca Lambert Mata, Ripoll). Se ve cómo una gran cantidad de piedras caen del cielo en una zona tímidamente poblada, todo ello presidido por un cielo en llamas.

VII. POR LAS TIERRAS HELADAS DEL NORTE

Una historia muy emblemática que recuerda a la de Campo del cielo tuvo lugar en el siglo XIX en las tierras frías del norte del planeta. Mientras el explorador escocés John Ross (1777-1856) buscaba en 1818 un paso que uniera los océanos Atlántico y Pacífico por el norte, encontró una tribu de esquimales en el noroeste de Groenlandia, en la bahía de Melville, que tenían cuchillos, punzones y arpones hechos enteramente de hierro o con trozos afilados de hierro cuidadosamente encastrados en huesos. Ross se quedó boquiabierto, ¿de dónde los habían sacado si se creía que aquellas tribus no habían establecido tratos comerciales con otras sociedades? La respuesta, una vez más, vino del cielo. El hierro era de origen celeste, provenía de un meteorito de tipo metálico caído en tiempos remotos en algún lugar de Groenlandia y los esquimales habían sacado pequeños trozos del mismo después de golpearlo, igual que los indios del Chaco. Lo que sorprendió más a los exploradores, no obstante, fue el hecho de que otras tribus de esquimales que vivían alejadas más de dos mil kilómetros de distancia tenían objetos similares hechos también con trozos de meteoritos metálicos. ¿Hubo una gran lluvia de trozos de metal caídos del cielo sobre Groenlandia? ¿Había aún trozos de este metal en algún sitio?

Los esquimales tenían una leyenda según la cual *Tornasuk*, el espíritu del demonio, hizo bajar del cielo a una *mujer*, una *tienda* y un *perro* para que estuvieran al lado del hombre. Estos no eran otra cosa que los meteoritos. Muchos aventureros intentaron encontrar el hierro caído del cielo del que hablaba la leyenda, porque sabían que podrían venderlo a buen precio. Pero los esquimales guardaron el secreto del lugar donde se encontraban los meteoritos durante más de setenta y cinco años, hasta que llegó otro de los grandes exploradores de las tierras árticas, el americano Robert Edwin Peary (1856-1920).

Peary fue el primero en conseguir atravesar Groenlandia con un trineo tirado por perros y esto le valió para ganarse el respeto entre los esquimales. En mayo de 1894 Peary consiguió que un esquimal, de nombre Tellakoteah, lo llevara hasta la montaña de hierro. Inicialmente eran dos los esquimales que acompañaban a Peary, pero uno de ellos se arrepintió a medio camino y abandonó. Después de avanzar durante diez días por lugares inhóspitos, en el último momento Tellakoteah se resistió a revelar dónde se encontraban los meteoritos. Finalmente —y después de algunos obsequios más— accedió a romper el secreto de su tribu. Tellakoteah llevó a Peary delante de la gran masa de hierro que representaba a la mujer, llamada *Saviksue* por los esquimales. Después lo llevo hasta el perro y le indicó donde se encontraba la tienda, o *Ahnighito*, a unos pocos kilómetros al norte de donde estaban. La trilogía mística estaba completa, ¡se trataba de los meteoritos más grandes que jamás se habían encontrado!

Reproducción de un cuchillo que dieron los esquimales a John Ross en 1818 en Groenlandia. El objeto mide 20 cm de lado. Muchas tribus de esquimales utilizaron meteoritos metálicos para construir herramientas como cuchillos y puntas de arpones (Francesc Llorca, 2004).

Peary se dio cuenta enseguida de la importancia del hallazgo y se dispuso, de inmediato, a planificar cómo podía llevárselos de allí. Así, al año siguiente volvió donde se encontraban Saviksue y el perro, cerca de Cape York, y se los llevó. La mujer pesaba unas tres toneladas y el perro unos cuatrocientos kilogramos. Ambos meteoritos mostraban las cicatrices que los esquimales habían dejado al arrancar trozos para construir sus utensilios. Un año después, en 1896, Peary volvió para llevarse la tienda que, con dos metros y medio de altura y un metro y medio de ancho ¡pesaba unas treinta toneladas! Después de luchar durante días y tras muchos intentos, la expedición de Peary no logró mover la tienda a tiempo para evitar el deshielo y tuvo que abandonar. Pero Peary volvió el año siguiente a Cape York por cuarta vez y, esta vez sí, después de construir un puente con vías de tren consiguió embarcar aquella masa enorme de metal con la ayuda de cuatro grúas. Por otra parte, Peary aprovechó sus viajes por las tierras heladas del norte del planeta para recolectar ropas, herramientas y otros utensilios de los esquimales por encargo del Museo Americano de Historia Natural, muy interesado en conocer las costumbres de los inuit.

El día treinta de septiembre de 1897 el barco de Peary llegó con la tienda a Brooklyn. El meteorito fue exhibido al público durante dos días, ¡más de veinte mil personas lo visitaron en tan sólo estos dos días! Después, el dos de octubre, el meteorito fue transportado al muelle de la armada, donde permaneció almacenado durante siete años. Después de este tiempo, el Museo Americano de Historia Natural adquirió finalmente el ejemplar por 40.000 dólares. Fueron necesarios ocho caballos para arrastrar el carro que llevaba la tienda por las calles de Nueva York hasta el museo, donde actualmente se encuentra al lado de la mujer y el perro. El dinero que consiguió Peary con la expoliación, exhibición y venta de los meteoritos de Groenlandia le permitió financiar la expedición que años después, en 1909, lo llevaría al polo norte. La proeza y tenacidad de Peary, no obstante, también tienen una cierta carga de amargura. ¿Qué es lo que empujó a Peary a robar el sueño, el mito del pueblo inuit con aquella impunidad? A partir de 1926 distintas expediciones danesas rastrearon los alrededores de Cape York con la finalidad de encontrar más meteoritos de la misma familia. En 1963 encontraron un fragmento de más de veinte toneladas de peso cerca de Agpalilik, que más tarde fue transportado hasta Copenhague. Hay quien piensa que este último fragmento corresponde al hombre de la leyenda.

Fotografía tomada por Robert Peary en 1895 mientras su expedición se llevaba uno de los meteoritos de Cape York, concretamente al "perro" (fotografía Dartmouth College Library).

Estos meteoritos enormes de Groenlandia no se sabe cuándo cayeron, a pesar de que las leyendas de los esquimales indican que, aparentemente, se vieron caer y que la tradición oral se encargó de dejar testimonio del suceso generación tras generación. Por el contrario, una de las pocas lluvias de trozos de metal del cielo de las que tenemos un recuerdo reciente es la que tuvo lugar poco después de las diez y media de la mañana del doce de febrero de 1947 en las montañas de Sikhote-Alin, a medio camino entre Vladivostok y Khabarovsk, en la antigua Unión Soviética. El cuerpo inicial, de unas doscientas a trescientas toneladas de peso, estalló en el cielo a unos cuatro kilómetros y medio de altura y algunos de los trozos resultantes, a su vez, volvieron a estallar, provocando la caída de miles de meteoritos metálicos sobre el suelo. En total se originaron más de ciento veinte cráteres, de distintos diámetros y profundidades. El mayor de ellos medía veintiocho metros de largo y seis de hondo. Los cráteres se encontraron por casualidad tres días después de la caída de los meteoritos por dos pilotos de avión que ese día volaban de Ulunga a Imán, que los vieron destacar de manera clara entre el paisaje blanco de las montañas recubiertas de nieve. Dos meses más tarde llegó hasta allí la primera expedición, después de atravesar con mucha dificultad la taiga, muy espesa en aquel lugar.

Por casualidad, un artista llamado Medvedev se encontraba pintando el día de la caída de los meteoritos un paisaje en las afueras de la ciudad de Imán cuando, de repente, vio aparecer una bola de fuego enorme justo delante de él, en medio del lugar que trataba de inmortalizar. La bola de fuego era tan brillante que el caballete arrojó una sombra más fuerte que la que tenía bajo el Sol, que aquella mañana brillaba con todo su esplendor. La bola de fuego pasó por delante de Medvedev tan sólo durante unos segundos, pero fueron suficientes para que el ojo entrenado del artista la recordase y pudiera así retratarla en el cuadro al óleo sobre lienzo que estaba pintando ese día. La bola de fuego originó una cola de humo de unos treinta y cinco kilómetros de largo que permaneció durante varias horas en el cielo. El cuadro de Medvedev se encuentra en la actualidad en el Museo de Mineralogía de Moscú, donde puede ser contemplado al lado de numerosos ejemplares de los meteoritos caídos en Sikhote-Alin. Diez años después del acontecimiento el gobierno de la Unión Soviética utilizó la pintura de Medvedev para emitir un sello de correos.

Sello de correos emitido en la Unión soviética en 1957 en conmemoración de la caída del meteorito de Sikhote-Alin.

Hasta la fecha se han recogido unos diez mil meteoritos en Sikhote-Alin, lo que en total supone un peso de unas treinta toneladas, pero se calcula que aún deben haber unas setenta toneladas más enterradas bajo la taiga. Los meteoritos de Sikhote-Alin se encuentran en todas las colecciones de meteoritos del mundo y son francamente preciosos. De un color negro azulado, su superficie está llena de concavidades, como si de pedazos de barro pellizcados con los dedos se tratara. Estas concavidades se llaman *regmaglifos*, del griego *regma* (hendidura) y *glypto* (cortar), y son el resultado de las turbulencias de aire que se originan durante el descenso violento del cuerpo progenitor del meteorito en la atmósfera. Algunos ejemplares también están *orientados*, es decir, permanecieron en la misma posición mientras caían de modo que el frente de choque atmosférico esculpió en ellos caras suaves que parecen escudos, donde incluso se pueden distinguir *líneas de vuelo*, que fluyen de modo radial a partir de un punto central del escudo.

Meteorito metálico correspondiente a la lluvia de Sikhote-Alin de 1947. El ejemplar mide unos 9 cm de lado y muestra la presencia de numerosos regmaglifos.

Resulta muy difícil cortar o arrancar un pedazo de un meteorito metálico porque se trata de sólidos extremadamente duros y consistentes. Su trabajo en frío en la antigüedad debió de ser realmente difícil y propio de trabajo de artesanos. Existe una anécdota muy ilustrativa relacionada con el trozo de metal caído del cielo en México llamado Morito, conocido —como mínimo— desde el año 1600. Dado que era sumamente difícil de cuartear, en 1821 se cinceló el siguiente poema, elocuente por sí mismo:

Sólo Dios con su poder
este fierro destruirá
porque en el mundo no habrá
quien lo pueda deshacer.

Cuando se corta un meteorito metálico, por ejemplo con una sierra de diamante, se pule y se ataca con ácido (normalmente se utiliza una disolución de ácido nítrico en etanol al 3%) aparecen —en la mayoría de los casos— unos dibujos geométricos que nos dicen muchas cosas acerca de cómo y dónde se formaron los meteoritos de este tipo. Son las llamadas *figuras de Widmanstätten*.

Aloys Joseph Franz Xaver von Widmanstätten (1754-1849) trabajó durante muchos años en el Palacio Imperial de Austria. Un día, a los cincuenta y cuatro años, recibió de manos del emperador Francisco I (1768-1835) un fragmento del trozo de metal que cayó del cielo el veintiséis de mayo de 1751 cerca de Agram, más tarde Zagreb. Widmanstätten estaba muy familiarizado con la técnica del grabado ya que su padre tenía una imprenta y, antes que la fotografía hiciera aparición, los grabados eran la manera de ilustrar los libros impresos. Lo que hizo Widmanstätten —no sabemos demasiado bien por qué— fue pulir una de las caras del meteorito de Agram que le dió el emperador y limpiarla con ácido, después la mojó en tinta y la presionó contra un papel, como si de un grabado se tratara. Lo que obtuvo fue un dibujo de líneas gruesas ordenadas geométricamente que siempre se cortaban definiendo los mismos ángulos. A la vista de los resultados, Widmanstätten repitió el mismo proceso con otros meteoritos metálicos del Museo Imperial de Viena. En todos los casos obtuvo dibujos similares.

A pesar de que no entendía su significado, Widmanstätten había descubierto en 1808 —y de manera casual— la estructura interna de los meteoritos metálicos. De hecho Widmanstätten nunca se interesó demasiado en mostrar sus dibujos, sino que fue Carl von Schreibers (1775-1852) quien los dio a conocer a la comunidad científica cuando fue director del Museo Imperial. Cuando

Chladni visitó Viena la primavera de 1812 y vio las impresiones de la estructura interna de los trozos de metal caídos del cielo que Widmanstätten había realizado, enseguida pidió a Schreibers permiso para poder incluir una láminas en su segundo libro dedicado a los meteoritos, publicado precisamente en Viena en 1819, tal y como ya hemos comentado. El significado real de las figuras de Widmanstätten fue revelado finalmente en 1883 por otro científico del Museo Imperial de Viena, Gustav Tschermak von Seysenegg (1836-1927), setenta y cinco años después de que Widmanstätten las observase por primera vez.

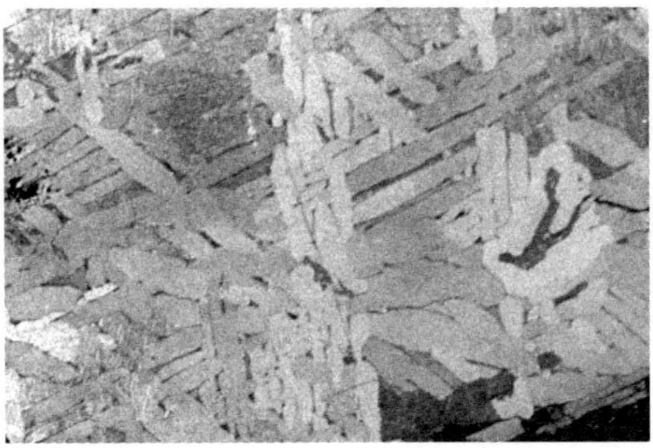

Sección pulida de un meteorito metálico encontrado en Toluca, México, después de haber sido expuesta a una disolución de ácido nítrico en etanol. Se observan con claridad las líneas de Widmanstätten debidas a las dos aleaciones de hierro y níquel presentes. La fotografía corresponde a un área de unos 3 cm de lado. El meteorito de Toluca fue usado por las culturas mesoamericanas para la fabricación de cuchillos y hachas y todavía en 1776 había dos herreros en Xiquipilco que lo utilizaban.

Casi todos los meteoritos metálicos están constituidos esencialmente por hierro y entre un seis y un diecisiete por ciento de níquel. Al enfriarse lentamente (en el caso de los meteoritos metálicos esto tiene lugar en el interior de asteroides, como discutiremos más adelante), una masa fundida de hierro con estas cantidades de níquel da lugar, entre unos setecientos y trescientos grados centígrados, a dos aleaciones distintas, una más rica en níquel que se llama *taenita* y otra con menor cantidad de níquel que recibe el nombre de *camacita*. Las dos aleaciones se parecen mucho entre sí, pero su estructura cristalina, es decir, la manera en la que los átomos de hierro y níquel se ordenan, es algo distinta. Así, durante el proceso de solidificación se obtienen las dos aleaciones por separado, que no crecen de cualquier modo, sino de manera ordenada.

Entonces, cuando la superficie pulida del meteorito metálico se somete a la acción de la disolución ácida, ésta ataca de manera rápida a la camacita, mientras que la taenita se muestra más resistente al ataque. De este modo, a medida que progresa el ataque ácido de la camacita sobresale un relieve hecho de taenita, que es lo que Widmanstätten imprimió en los papeles. La simetría que adopta el crecimiento de la camacita y la taenita viene determinada por sus estructuras cristalinas y es la de un octaedro. En función de cómo se haya cortado el meteorito metálico se obtienen dibujos donde las bandas se cortan a sesenta, noventa, etc. grados. Por este motivo, a los meteoritos metálicos que muestran figuras de Widmanstätten (que son la mayoría) se les denomina *octaedritas*.

No obstante, para que se puedan observar las figuras de Widmanstätten en un meteorito se precisa que su asteroide progenitor se haya enfriado de manera muy lenta. El grado de difusión de los átomos en la interficie de la camacita y la taenita nos permite conocer la velocidad de enfriamiento. Mediante el análisis cuidadoso de la distribución del níquel justo en la zona que separa ambas aleaciones es posible conocer esta velocidad, ya que la difusión del níquel es más lenta a medida que disminuye la temperatura. En definitiva, las velocidades de enfriamiento de los asteroides que dieron lugar a los meteoritos metálicos son del orden de uno a cien grados por cada millón de años, es decir, ¡menos de una centésima de grado por siglo!

Esto nos permite dar un paso adelante en el estudio de los meteoritos y del sistema solar, porque un enfriamiento tan lento sólo puede tener lugar en el interior de asteroides grandes, gracias al efecto aislante de las rocas circundantes, que son conductoras pobres de calor. Se ha calculado que un enfriamiento del orden de diez grados por cada millón de años es propio de un asteroide de unos cien kilómetros de diámetro. Así, los trozos de metal que caen del cielo son los restos de lo que en su día fueron los núcleos y/o zonas fundidas de estos asteroides grandes.

¿Qué es lo que provocó la fusión parcial del interior de los asteroides grandes hace ahora unos cuatro mil quinientos millones de años? Pues principalmente la desintegración de isótopos radioactivos y la radiación solar. Estas fuentes de calor también actuaron en la Tierra y demás planetas terrestres, por esto aún habitamos en un planeta vivo desde el punto de vista geológico. Los isótopos radioactivos que han calentado nuestro planeta son, básicamente, determinados isótopos de uranio, torio y potasio. Pero su desintegración es lenta y en cuerpos pequeños como los asteroides, que no pueden retener durante mucho tiempo el calor liberado en la desintegración radioactiva, la energía se pierde al espacio interplanetario —por cierto, muy frío— por radiación y no puede tener lugar la fusión parcial de su interior. Ahora bien, en un principio en el sistema solar también había isótopos radioactivos de desintegración rápida, como por ejemplo determinados isótopos de aluminio, hierro y calcio. Éstos son los que presumiblemente calentaron de manera efectiva y rápida a los asteroides grandes hasta el punto de fundirlos parcialmente, dando lugar a la formación de las zonas metálicas.

La mayoría de los asteroides, no obstante, eran demasiado pequeños como para experimentar procesos de fusión parcial en su interior, puesto que el calor liberado en la desintegración radioactiva de los isótopos inestables de desintegración rápida no llegó a acumularse de manera suficiente. Estos asteroides más pequeños son los que han dado lugar a la mayoría de los meteoritos rocosos, que conservan aún las características más primitivas de los asteroides de donde proceden. Por otro lado, el Sol no siempre ha mantenido la misma luminosidad, de hecho se cree que atravesó una fase de mayor actividad justo cuando se empezaron a formar los planetas (llamada *fase T-Tauri*), lo que habría contribuido también al calentamiento de asteroides y cuerpos planetarios cercanos a él.

VIII. LA FOTOGRAFÍA MILAGROSA

Vamos a imaginar que tenemos delante tres huevos de gallina encima de una mesa y que es la primera vez en nuestra vida que vemos una cosa así. De los tres huevos, uno es fresco, el otro es un huevo a los tres minutos y el tercero es un huevo duro. ¿Qué haríamos para saber si los tres huevos guardan algún tipo de relación? ¿Cómo sabríamos si alguno de los huevos puede prepararse a partir de otro de ellos?

Lo primero que veríamos es que los tres huevos tienen exactamente el mismo aspecto, pero no tardaríamos en darnos cuenta que, por ejemplo, los tres giran de manera distinta por encima de la mesa. Esto nos diría que el estado de agregación, o consistencia, del interior de cada uno de ellos debe de ser distinto. Después podríamos pasar a examinar directamente el interior de los huevos, por lo que los abriríamos y pondríamos cada uno de ellos en un plato por separado. Veríamos que los tres huevos contienen dos zonas muy diferentes, una de color blanco o semitransparente y otra de color amarillo-naranja. Además confirmaríamos nuestras sospechas acerca del distinto estado de agregación del interior de cada uno de los huevos. Por conveniencia, los podríamos llamar como huevo fresco, huevo a los tres minutos y huevo duro. A la vista de nuestras observaciones parecería probable que entre ellos existiese algún tipo de relación. Para saberlo y al mismo tiempo demostrarlo sería necesario encontrar una manera de transformarlos entre sí, de este modo sabríamos además cuál de ellos es el primigenio, es decir, el que pudo originar a los demás. Otra cosa que veríamos es que el huevo a los tres minutos tiene características intermedias respecto al huevo fresco y al huevo duro, de manera que empezaríamos por estudiar la transformación entre el huevo fresco y el huevo duro y después comprobaríamos si existe un estadio intermedio de esta transformación que pudiera corresponder al huevo a los tres minutos. No resultaría difícil imaginar que para pasar del huevo fresco al huevo duro hace falta un proceso de coagulación, mientras que para pasar de huevo duro a huevo fresco se precisa un proceso contrario. Uno de los parámetros que puede tener más influencia en un proceso de coagulación es la temperatura. Además, tanto el huevo fresco como el huevo duro son aparentemente estables en condiciones normales, de manera que si uno de ellos se transforma en el otro lo hace de manera irreversible. En este momento estaríamos preparados para realizar un experimento que nos mostrara cuál de ellos, si es el caso, es origen del otro. Para ello calentaríamos un fragmento del huevo fresco y un fragmento del huevo duro y... veríamos que mientras el huevo duro permanece tal y como estaba, el huevo fresco ¡se transforma en huevo duro! Es decir, que el huevo duro se forma a partir del huevo fresco por acción de calor. Si, finalmente, calentáramos otro fragmento del huevo fresco durante un corto período de tiempo lo que obtendríamos sería el huevo a los tres minutos. En resumen, al calentar un huevo fresco, éste se transforma primero a huevo a los tres minutos y, si persiste el proceso, a huevo duro. Al calentar un huevo a los tres minutos también se obtiene un huevo duro. Según esto, el huevo primigenio, o más primitivo, el que conserva más información sobre el origen de los huevos de gallina, es el huevo fresco.

Pues con las distintas clases de meteoritos pasa una cosa muy parecida. Algunos tipos se formaron a partir de otros por procesos relacionados con el aumento de la temperatura, presión y/o alteración acuosa. Algunas familias de meteoritos son más antiguas que otras, y cada una de ellas nos proporcionan una información diferente y a la vez complementaria acerca de la historia del sistema solar. Para sistematizar su estudio, lo primero que hay que hacer es establecer unos criterios de clasificación lo más claros posibles y construir distintas familias de meteoritos. Es lo mismo que hacen los arqueólogos. A partir de trozos de cerámica, pongamos por caso, tratan de averiguar el grado de desarrollo tecnológico y artístico de una civilización, su comercio y muchas cosas más. Los arqueólogos lo primero que hacen también es clasificar los fragmentos de cerámica que encuentran además de intentar reconstruir el objeto inicial, sea éste un plato, un jarrón... En el caso de los meteoritos, la clasificación en sí misma no deja de ser un ejercicio necesario aunque poco interesante. El secreto está en descubrir lo que esconde la clasificación, y por esto es tan importante entender cómo unas familias se transformaron en otras, de dónde procede cada uno de los componentes, etc., esto es, como lo que hemos hecho con los huevos de gallina. A continuación se enumeran y comentan las principales familias de meteoritos y sus características más destacadas; el lector que desee una clasificación más exhaustiva deberá consultar bibliografía especializada.

Existen tres grandes tipos de meteoritos. Cerca del ochenta y cinco por ciento son del tipo rocoso, constituidos esencialmente por silicatos y aluminosilicatos de magnesio, hierro y calcio. El segundo tipo más abundante son los meteoritos metálicos, constituidos básicamente por hierro y níquel y pequeñas cantidades de otros elementos como cobalto, carbono, silicio, azufre y fósforo. Por último, apenas un uno o dos por ciento de los meteoritos que tenemos son del tipo metalorocoso, constituidos por dos fases bien diferenciadas, por un lado silicatos y por el otro metal. Son como esponjas de metal con los orificios rellenos de silicatos, lo que —por cierto— les confiere una belleza excepcional. De entre los meteoritos de los que ya hemos hablado, los que cayeron en Ensisheim, L'Aigle, Villalbeto de la Peña y Terrassa, por ejemplo, son meteoritos rocosos, mientras que los meteoritos de Campo del cielo, Willamette, Cape York y Sikhote-Alin son meteoritos metálicos. El meteorito de Pallas es un ejemplo de meteorito metalorocoso.

Dentro del grupo de los meteoritos rocosos existen dos familias distintas, las *condritas* y las *acondritas*. Ya hemos hablado de las condritas —el nombre se debe a que contienen cóndrulos— al explicar los primeros análisis químicos realizados sobre piedras que habían caído del cielo por Edward Howard y Jaques Louis a principios del siglo XIX. Los silicatos y aluminosilicatos de las condritas (esencialmente olivinos y piroxenos) son parecidos a los que encontramos en la corteza terrestre, pero la gran mayoría de las condritas contienen además pequeños granos de metal en estado libre y otros

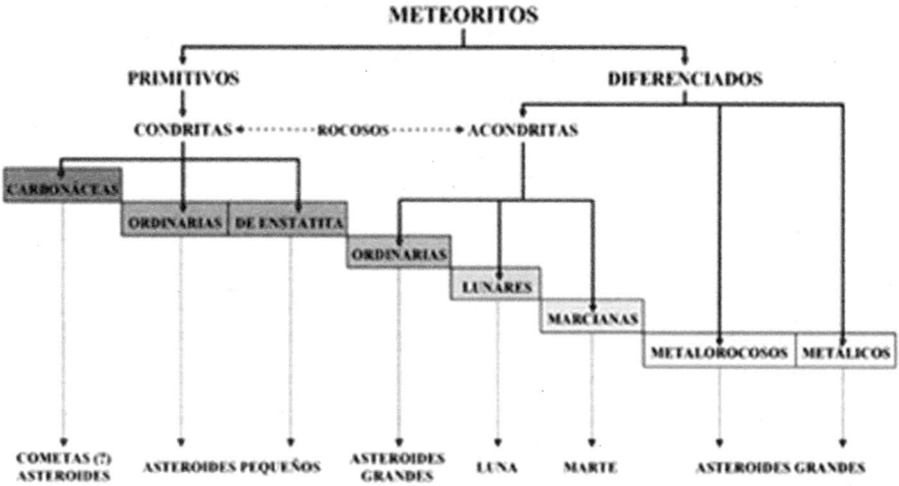

Esquema de clasificación de los principales tipos de meteoritos según su grado de diferenciación (aumenta de arriba abajo) y origen. Los meteoritos situados arriba son más primitivos y proceden de cuerpos pequeños, mientras que los meteoritos más diferenciados proceden de cuerpos más grandes y, por tanto, más evolucionados.

minerales que se han formado en ambientes exentos de oxígeno y agua, como por ejemplo carburos, nitruros y sulfuros. Es decir, justo al revés de lo que normalmente encontramos en nuestro entorno —óxidos, nitratos, sulfatos, etc.— donde predomina un ambiente húmedo y oxidante. Por tanto, las condritas contienen minerales dispares que en condiciones terrestres no podrían coexistir porque están lejos del equilibrio químico. Teniendo en cuenta que se trata de rocas muy antiguas, del orden de varios miles de millones de años, la ausencia de equilibrio químico entre los componentes de las condritas sólo puede explicarse si éstas se han mantenido prácticamente inalteradas desde que se formaron. ¡Precisamente por este motivo son auténticas joyas de la ciencia!, porque representan el material más primitivo que de momento tenemos a nuestro alcance y a partir del cual se podrían haber formado todos los otros cuerpos planetarios del sistema solar.

Sobre la base de la composición química las condritas se clasifican en distintos grupos: condritas *carbonáceas* (por su contenido en carbono, que puede llegar a ser hasta del cinco por ciento en peso), *ordinarias* (las más abundantes) y de *enstatita* (por tener un alto contenido en enstatita, un tipo de piroxeno). Dentro del grupo de las condritas ordinarias y de enstatita se construyen a su vez otros subgrupos de acuerdo con la cantidad de hierro en forma de metal que contienen. Así se habla de condritas ordinarias del tipo H (del inglés *high iron*), L (*low iron*) y LL (*very low iron*). Las condritas carbonáceas se clasifican en subgrupos por analogía con algunos ejemplares emblemáticos, lo que no siempre resulta fácil ni exacto. Así se dice que una determinada condrita carbonácea pertenece al subgrupo CO si se parece a la piedra caída en Ornans, Francia, en 1868; CI si se parece a la que cayó en Ivuna, Tanzania, en 1938; CM si es como el meteorito que cayó en Mighei, Ucrania, en 1889; CV si se parece al que cayó en Vigarano, Italia, en 1910. Por otro lado, a cada una de las condritas, además de su familia química, también se le da un número del uno al seis en función de su grado de alteración que, como ya hemos dicho, fue leve. Esta alteración tuvo lugar en los asteroides, bien por un aumento de presión y temperatura (metamorfismo) o por efecto del agua (alteración acuosa). Las condritas de tipo tres son las que menos se han alterado. En ellas se distinguen a simple vista los cóndrulos, que están muy bien definidos, predominan los silicatos simples desde el punto de vista estructural, etc. En cambio, las condritas del tipo cuatro, cinco y seis —en orden creciente— cada vez han sufrido procesos de metamorfismo más severos, lo que provoca que los cóndrulos no se distingan bien y exista una tendencia a equilibrar los minerales que se encuentran fuera de equilibrio químico. Finalmente, las condritas de tipo dos y uno —en orden decreciente— muestran evidencias de haber sufrido procesos de alteración acuosa, lo que dio lugar, por ejemplo, a la aparición de arcillas.

Las acondritas son rocas ígneas que se parecen a los basaltos, gabros y otras rocas de la Tierra, pero que proceden de asteroides grandes u otros cuerpos planetarios como la Luna y Marte. Como su nombre indica son meteoritos rocosos que carecen de cóndrulos, puesto que al tratarse de rocas ígneas su contenido inicial se ha calentado y diferenciado hasta el punto que se ha transformado por completo. Existen muchas familias de acondritas, siendo la más numerosa la constituida por las *eucritas*, *diogenitas* y *howarditas*, también denominada por sus siglas *HED*. Las eucritas (del griego *eukritos*, que significa fácilmente distinguible) son el equivalente a las rocas volcánicas terrestres y el tipo de acondrita más común. Las diogenitas (en honor al filósofo griego Diógenes de Apolonia del siglo V aC, quien ya creía que los meteoritos tenían su origen en el espacio) se parecen a las rocas plutónicas terrestres y las howarditas (en honor a Edward Howard, quien ya hemos visto que demostró el origen no terrestre de los meteoritos en base a análisis químicos de los mismos) son una mezcla de eucritas y diogenitas. Lo curioso del caso es que todos los estudios efectuados apuntan a que las eucritas, diogenitas y howarditas proceden del mismo asteroide. ¡Es como si fueran muestras de un mismo asteroide tomadas a distinta profundidad! Otra familia de acondritas, mucho menos numerosa pero no por esto menos importante, está constituida por las *shergottitas*, *nakhlitas* y *chassig-*

nitas, coloquialmente llamada también como *SNC*. Estos tres tipos reciben el nombre por analogía a los meteoritos caídos en Shergotty (India, 1865), Nakhla (Egipto, 1911, que dicho sea de paso mató a un perro al caer) y Chassigny (Francia, 1815), respectivamente. Las acondritas SNC, como discutiremos más adelante, proceden nada más ni nada menos que ¡de Marte! También tenemos una familia de acondritas que provienen de la Luna. Otras familias de acondritas son las *aubritas* y las *ureilitas*. Las aubritas deben su nombre al meteorito que cayó en 1836 en Aubres, Francia, y están constituidas casi exclusivamente por enstatita, sin apenas metal. Por este motivo las cortezas de fusión de las aubritas no son de color negro como el resto de meteoritos, sino de color claro. Las ureilitas reciben el nombre a raíz del meteorito que cayó el diez de septiembre de 1886 cerca de Novo Urei, Rusia, el cual, por cierto, también fue ingerido parcialmente por sus habitantes. Las ureilitas son, posiblemente, el tipo más raro de meteoritos que conocemos y se desconocen en gran medida tanto su origen como las circunstancias de su formación. Contienen una matriz rica en grafito, diamantes y fases metálicas que engloban grandes cristales de silicatos.

Los meteoritos metálicos también se clasifican en diversas familias según la presencia o no de las figuras de Widmanstätten (que ya hemos visto que está relacionado con la cantidad de níquel presente) y el grosor de las bandas de camacita de éstas. Los meteoritos metálicos más abundantes son aquellos con un contenido en níquel superior al 6%. Constituyen la familia de las *octaedritas* y muestran figuras de Widmanstätten debido al intercrecimiento ordenado de camacita y taenita, las dos aleaciones de hierro y níquel que ya hemos discutido con anterioridad. Aquellos ejemplares con bandas de

Las acondritas son meteoritos rocosos que se parecen a las rocas ígneas de la Tierra. No son meteoritos primitivos como las condritas y carecen de cóndrulos. Este ejemplar corresponde al subgrupo de las eucritas y se encontró en Bouarfa, Marruecos, en el año 2002. Muestra una corteza de fusión de color oscuro debido a su paso por la atmósfera y mide unos 3 cm de lado.

camacita que miden menos de medio milímetro de ancho se les llama octaedritas finas, si las bandas miden alrededor de un milímetro hablamos de octaedritas medianas y si miden más de un milímetro y medio de octaedritas gruesas. Los meteoritos metálicos con un contenido en níquel inferior al 6% únicamente contienen camacita, por lo que no muestran figuras de Widmanstätten; son las *hexaedritas*. En el otro extremo, los meteoritos metálicos con un contenido en níquel superior al 17% están constituidos esencialmente por taenita, por lo que muestran estructuras de Widmanstätten con bandas de camacita tan delgadas que no son visibles a simple vista; son las *ataxitas*. Otra manera de clasificar a los meteoritos metálicos consiste en analizar el contenido de algunos elementos que están presentes en cantidades muy pequeñas, como son el germanio, galio, osmio e iridio.

Los meteoritos metalorocosos se dividen en dos subgrupos: las *pallasitas* y las *mesosideritas*. Las pallasitas consisten casi exclusivamente en cristales de olivino muy puros englobados en metal, con una proporción aproximada de silicato a metal de 2 a 1. En cambio, las mesosideritas presentan una composición mucho más variada y cantidades similares de silicatos y metal. Mientras que las pallasitas son el fruto de un proceso ordenado, las mesosideritas parecen más una mezcla física de roca y metal sin orden aparente.

A diferencia de las condritas, las acondritas y los meteoritos del tipo metálico y metalorocoso tienen una cosa en común. Todos ellos son el resultado de procesos de fusión parcial o total de sus cuerpos progenitores. Según lo que hemos explicado al discutir sobre las figuras de Widmanstätten, los procesos de fusión tuvieron lugar en el interior de cuerpos grandes, donde el aumento local de la temperatura provocó que los átomos de los elementos químicos tuviesen la movilidad suficiente como para reagruparse según sus afinidades químicas. Por ejemplo, los elementos metálicos o *sideróf ilos* (significa que tienen simpatía por el hierro) se concentraron en las zonas más internas de estos asteroides grandes porque son los más densos y dieron lugar a los meteoritos metálicos, mientras que los elementos *litófilos* (significa que tienen simpatía por las rocas) se acumularon en las zonas externas dando lugar a las acondritas. En las zonas intermedias se formaron los meteoritos del tipo metalorocoso.

En un principio se creyó que todos los meteoritos provenían de un mismo cuerpo, algo así como un planeta que por algún motivo, por ejemplo a raíz de un gran choque con otro cuerpo, se hizo añicos. Este cuerpo planetario debía tener una estructura interna parecida a la de la Tierra, es decir, con un núcleo de metal, una capa intermedia y una corteza superficial. Se pensaba

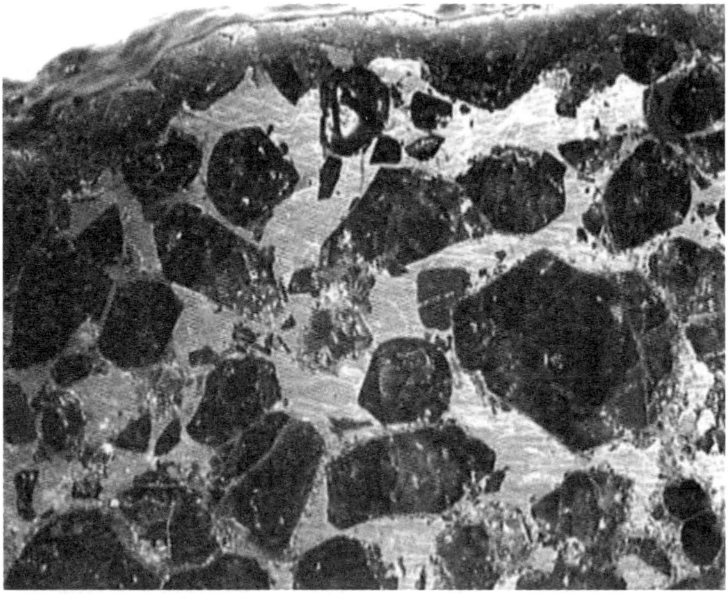

Meteorito metalorocoso encontrado en 1810 en Bragin, Rusia. Los meteoritos de este tipo deben su belleza a la coexistencia de metal y cristales de olivino. La fotografía corresponde a unos 3 cm de lado.

entonces que los meteoritos del tipo rocoso correspondían a la corteza y capa intermedia mientras que los meteoritos metálicos correspondían al núcleo de este cuerpo. Esta interpretación prevaleció durante mucho tiempo, de hecho responde a un razonamiento totalmente lógico, pero hacia el 1970 el esquema se tambaleó. Además de poder estudiar los meteoritos con técnicas microscópicas y de análisis químico cada vez mejores, se empezaron a hacer estudios con isótopos (por ejemplo oxígeno-16, oxígeno-17 y oxígeno-18) cada vez más precisos. Tal y como hemos dicho, los isótopos de los elementos químicos sirven, entre otras cosas, para datar y trazar acontecimientos que tuvieron lugar hace miles o millones de años. Y así apareció la sorpresa, ¡porque se vio que muchos meteoritos no compartían la misma historia! Esto significaba que no todos los meteoritos venían del mismo cuerpo. Hoy en día se piensa que, además de la Luna y Marte, los meteoritos provienen de varias docenas diferentes de asteroides. Los asteroides nunca llegaron a formar parte de un planeta debido a su proximidad con Júpiter, un cuerpo muy masivo que desestabilizó la formación de cualquier *planetesimal* o precursor de planeta rocoso en su vecindad.

¿Pero tenemos alguna prueba directa que nos demuestre que casi todos los meteoritos provienen de los asteroides? ¿*Suponemos* o *tenemos la certeza* que la mayoría de los meteoritos formaron parte algún día de un asteroide?

Antes de ser desviada por el campo gravitatorio terrestre, una piedra o trozo de metal que cae del cielo se mueve alrededor del Sol siguiendo una órbita elíptica, de la misma manera como lo hacen la mayoría de cuerpos sólidos del sistema solar. Si fuésemos capaces de determinar la órbita de una piedra que cae del cielo en el espacio, es decir, antes de dirigirse de manera irremediable contra la Tierra, podríamos entonces saber dónde se formó. Pero para conseguir esto necesitamos tener las coordenadas de la trayectoria en el cielo y la velocidad de la piedra desde, como mínimo, dos lugares suficientemente separados.

El problema de obtener de manera simultánea la trayectoria de una piedra que cae del cielo y su velocidad se resolvió a mediados del siglo XX con la invención de cámaras fotográficas equipadas con obturadores rotativos. El obturador rotativo se encarga de obstruir el paso de la luz con una frecuencia determinada. Con este invento sencillo se estudió a fondo el origen de las estrellas fugaces y, fue a partir de entonces, cuando se relacionaron de manera unívoca algunas lluvias de estrellas fugaces con determinados cometas, como por ejemplo el cometa Temple-Tuttle con la lluvia de las leónidas de noviembre, el cometa o asteroide Faetón (aún no se sabe muy bien lo que es) con la lluvia de las gemínidas, etc. Pero lo que resultó sencillo hacer con las lluvias bien conocidas de estrellas fugaces se convirtió en algo muy difícil de conseguir con las piedras que caían del cielo de manera aleatoria y sin ningún tipo de aviso.

No obstante, y después de muchos años de intentar "cazar" la caída de algún meteorito en el cielo, alrededor del año 1960 se empezaron a organizar e instalar redes fotográficas en distintos países. El criterio principal fue situar suficientes estaciones fotográficas que hiciesen un seguimiento continuo todas las noches del año y que abarcaran áreas alrededor del millón de kilómetros cuadrados para cubrir trozos del cielo suficientemente grandes. Se organizaron redes fotográficas en los Estados Unidos, Canadá y Europa, esta última con estaciones inicialmente en Checoslovaquia y Alemania. Pero a medida que fueron pasando los años se vio que el esfuerzo que se requería para mantener estas redes fotográficas —tanto desde el punto de vista material como humano— no estaba compensado por los resultados alcanzados.

Durante los diez años que estuvieron en funcionamiento, las redes americanas fotografiaron desde varias estaciones y recuperaron tan sólo dos meteoritos, que cayeron en Lost City, Oklahoma (1970), y en Innisfree, Alberta (1977). Por su parte, la red europea fotografió y encontró un meteorito desde varias de sus estaciones. De hecho, la primera vez que se pudo recuperar un meteorito y al mismo tiempo calcular su órbita en el

Esta fotografía fue tomada el día 21 de febrero de 1999 por la *European Fireball Network* y corresponde a una de las imágenes más espectaculares correspondiente a la entrada de materia interplanetaria jamás registrada. Las estrellas describen trazos curvos porque la fotografía del cielo se tomó durante varias horas (fotografía Pavel Spurny, Observatorio de Ondrejov, República Checa).

espacio fue en 1959, cuando cayó una piedra en Pribram, cerca de Praga. Como ejemplo de lo imprevisible que resulta poder fotografiar la caída de un meteorito desde varias estaciones, las fotografías de la bola de fuego que originó la caída del meteorito de Pribram al atravesar la atmósfera no fue intencionada, ¡fue por casualidad durante un programa de seguimiento de satélites artificiales!

En estos momentos, la única red fotográfica que sigue trabajando es la europea, que ahora se denomina *European Fireball Network*, aunque también existen otras iniciativas que trabajan de manera más esporádica. Recientemente la red europea pudo fotografiar y recuperar dos meteoritos más, uno en el año 2000 en Moravka,

República Checa, y otro en 2002 en Neuschwanstein, entre Austria y Alemania. En territorio español, la Red de Investigación sobre Bólidos y Meteoritos reúne a investigadores de diversas universidades e instituciones para el seguimiento y estudio de estos objetos. Esta red estudió a fondo la caída reciente del meteorito de Villalbeto de la Peña (Palencia), el día 4 de enero de 2004. A partir de un vídeo registrado por casualidad en León durante una cabalgata de Reyes Magos y varias fotografías desde distintas localidades se pudo determinar la trayectoria de la bola de fuego en el cielo, su velocidad y el punto de su explosión. A partir de estos datos se calculó la posición teórica de la elipse de distribución de los meteoritos. Durante las siguientes semanas y en las proximidades del área delimitada por la elipse teórica se encontraron los meteoritos. Se calcula que el cuerpo que originó la lluvia de meteoritos pesaba inicialmente alrededor de media tonelada y medía menos de un metro de diámetro. Asimismo, en el momento de entrar en la atmósfera terrestre su velocidad era de unos sesenta y cinco mil kilómetros por hora. La entrada del cuerpo en la atmósfera también fue observada por satélites militares estadounidenses.

¿Y qué es lo que nos dicen las trayectorias fotografiadas de estas piedras caídas del cielo, que han sido recogidas inmediatamente después de haber caído y analizadas en detalle? Quizás media docena de meteoritos son poca cosa comparado con los miles de meteoritos que han caído en nuestro planeta pero, aunque parezca difícil extrapolar, las fotografías de la caída de *estas* piedras han sido determinantes para conocer el origen de casi todos los meteoritos. Las órbitas calculadas de todas, absolutamente de todas las piedras, demuestran que éstas provienen del cinturón principal de asteroides. El mismo origen, aunque con menor precisión, se ha deducido para otros meteoritos a partir de observaciones visuales, de vídeo, con satélites artificiales... Por otro lado, estas piedras son todas condritas ordinarias. Según lo que hemos dicho, las condritas ordinarias representan la mayor parte de los meteoritos que han alcanzado a nuestro planeta, por eso podemos decir que la gran mayoría de los meteoritos provienen del cinturón de asteroides, aunque como ya hemos visto al hablar de las acondritas y como discutiremos muy pronto, algunas veces también nos llegan piedras de otros sitios.

El caso de la familia de las acondritas HED es muy especial. Ya hemos dicho que las eucritas, diogenitas y howarditas provienen del mismo asteroide, ¿pero sabemos cuál? La respuesta es sí. La manera con la que estos meteoritos reflejan la luz es exactamente igual a como lo hace el asteroide Vesta, según hemos podido comprobar con la ayuda de telescopios, que a su vez es muy distinta a cómo lo hacen todos los demás asteroides. Con un diámetro de unos quinientos treinta kilómetros, Vesta es el tercer asteroide más grande que conocemos. Pero lo espectacular del caso es que muestra un cráter de impacto cerca de su polo sur ¡de unos cuatrocientos sesenta kilómetros de ancho y treinta de profundidad que ha dejado al descubierto su interior! Los fragmentos arrancados de Vesta a raíz del choque que provocó este cráter descomunal con respecto a su tamaño, los llamados *Vestoides*, han acabado dispersados en una órbita cercana a la Tierra. De este modo, las acondritas HED son meteoritos que tienen nombre y apellido, porque sabemos exactamente lo que son y de dónde vienen. Así, las eucritas corresponden a lava solidificada que un día fluyó por la superficie de Vesta, las diogenitas corresponden a rocas que estaban situadas a mayor profundidad y las howarditas corresponden a una mezcla de ambas que se formó debido al impacto. Uno de los sueños de los científicos que estudian meteoritos es precisamente determinar el origen de cada uno de los distintos tipos de meteoritos y su historia, porque a partir de esta información podemos llegar a conocer muchas de las cosas que han ocurrido en el sistema solar desde que nació, hace ahora unos cinco mil millones de años. Con las acondritas HED esto parece que se ha conseguido, pero aún queda por recorrer un largo camino con los otros tipos de meteoritos.

IX. LA REVOLUCIÓN DEL 69

El año 1969 fue un año clave desde el punto de vista de las ciencias del espacio. Además de ser el año en el que el ser humano puso el pie en la Luna, el año 1969 fue testigo de tres hechos más —todos ellos totalmente inesperados— que hicieron que el estudio de los meteoritos se convirtiera en un campo de investigación muy activo.

El primer acontecimiento tuvo lugar el ocho de febrero hacia la una de la madrugada. En ese instante cayó una gran lluvia de meteoritos de un tipo extraño en México, en la localidad conocida como Pueblito de Allende, al sur de Chihuahua. ¡Cayeron más de dos toneladas de piedras en un área de unos trescientos kilómetros cuadrados! Pero lo más importante no fue la gran cantidad de meteoritos que cayeron sino del tipo que se trataba, una condrita carbonácea CV3. Ya hemos dicho que las condritas carbonáceas del tipo 3 son los meteoritos más primitivos que tenemos, es decir, que guardan buena memoria del material a partir del cual se formó el sistema solar. Las condritas carbonáceas del tipo CV3 contienen numerosas inclusiones blancas constituidas por asociaciones minerales ricas en calcio, aluminio y titanio. Pues bien, en las inclusiones del meteorito de Allende se encontró el indicio que muy probablemente nuestro sistema planetario se formó a partir de la compresión de una nube de gas y polvo como consecuencia de la explosión de una estrella madura cercana, una supernova.

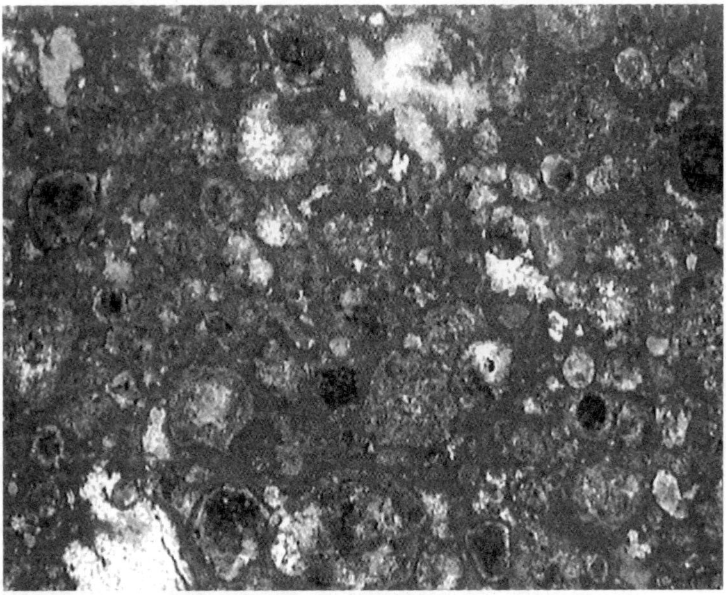

Corte pulido que muestra el interior de uno de los meteoritos caídos en 1969 en Allende, México. Se distinguen con claridad varios cóndrulos circulares e inclusiones irregulares de color claro sobre una matriz oscura. La fotografía corresponde a unos 2 cm de lado.

¿Pero qué son estas inclusiones? Si cogiésemos un gas con la misma composición química que el Sol —que representa más del 99% de toda la masa del sistema solar— y lo enfriásemos, empezarían a condensar distintos minerales en función de su temperatura de vaporización. Los primeros sólidos en condensar serían aquellos con la temperatura de vaporización más alta, que en el caso de un gas con composición solar deberían ser el corindón (Al_2O_3) a 1.485 °C, la perovskita ($CaTiO_3$) a 1.374 °C y la melilita ($Ca_2Al_2SiO_7$) a 1.350 °C. Precisamente son éstos los componentes más importantes de las inclusiones de las piedras de Allende, por lo que también se les llama *inclusiones refractarias*. Pero una de las peculiaridades de estas inclusiones es que en su interior se encontró una cantidad anormalmente elevada de un isótopo raro de magnesio (magnesio-26) que proviene de la desintegración radioactiva del aluminio-26. Resulta que el aluminio-26 tiene un tiempo de vida muy corto, es uno de aquellos isótopos de desintegración rápida que hemos dicho que fueron los responsables de calentar a los asteroides, de modo que la única explicación a la presencia de este isótopo en las inclusiones de Allende es que éste hubiera sido incorporado de manera repentina en dichas inclusiones poco después de haberse sintetizado. Una de las pocas ocasiones en las que se sintetiza aluminio-26 en el universo es durante la explosión violenta de una supernova. Ademas de inyectar aluminio-26, una explosión así provocaría una onda de choque capaz de iniciar la formación de nuestro sistema planetario.

Dado que las piedras de Allende han permanecido prácticamente inalteradas desde su formación, hace ahora unos cuatro mil seiscientos millones de años, podemos aún contemplar en su interior las inclusiones refractarias, los primeros minerales que se formaron en el sistema solar al enfriarse. El meteorito de Allende ha permitido conocer con gran detalle estas inclusiones y comprender su significado, puesto que antes de su caída sólo existían unos pocos gramos de condritas CV3 en todo el mundo. Del mismo modo que en el siglo XIX Champolion utilizó la piedra Rosetta para descifrar el lenguaje jeroglífico de los egipcios, los científicos han utilizado la piedra de Allende para descifrar el origen del sistema solar.

El segundo acontecimiento del año 1969 es el que conoce todo el mundo, la llegada del ser humano a la Luna, el veinte de julio. Sin duda la llegada del hombre a la Luna marca un antes y un después en nuestra civilización. Desde el punto de vista que aquí nos ocupa, además de haberlo conseguido por primera vez en 1969, hubo también otras misiones que fueron a la Luna y nos trajeron más rocas de su superficie. En total fueron seis misiones norteamericanas y tres soviéticas las que nos dieron la oportunidad de conocer un poco más a nuestro vecino planetario. Hoy sabemos que, poco después de su formación, la Luna fue sacudida por el impacto de numerosos meteoritos. Los impactos mayores crearon cráteres lo suficientemente profundos como para que salieran a la superficie auténticos ríos de lava fundida. Estos ríos, después de enfriarse y solidificar, dieron lugar a los basaltos que configuran las zonas oscuras que hoy vemos en la Luna y que llamamos mares o *mare* en latín. El *mar de la tranquilidad* (*Mare Tranquilitatis*), por ejemplo, es el lugar donde alunizó el Apolo XI. Las zonas claras que vemos en la Luna son montañas, y son más antiguas que los mares.

Hoy en día, además de las muestras que los astronautas estadounidenses y las misiones soviéticas no tripuladas nos trajeron de la Luna, tenemos más de veinte meteoritos que han caído a la Tierra y que sabemos que también provienen de la Luna. A pesar de ser poco probable, el impacto lateral de un cuerpo contra la Luna puede arrancar rocas de su superficie, que más tarde pueden llegar a la Tierra. Esta posibilidad no se tuvo en consideración hasta que en 1982 se encontró la primera piedra de la Luna en la Antártida, de nombre ALH 81005. Del mismo modo también tenemos las acondritas SNC, una veintena de meteoritos que provienen de Marte. ¡Auténticas carambolas cósmicas!

¿Y cómo sabemos si las acondritas SNC de verdad vienen de Marte si aún no hemos ido allí a recoger muestras? Entre otras cosas porque en el interior de algunos minerales de los meteoritos de Marte existen unas burbujas muy singulares que se formaron a raíz del choque con el cuerpo responsable de su expulsión al medio interplanetario. En el interior de estas burbujas quedó atrapada la atmósfera que entonces había en Marte. Pues bien, la composición química e isotópica del gas contenido en las burbujas se corresponde perfectamente con la que registraron las sondas Viking en 1976 cuando exploraron Marte. Se trata de una composición característica y muy diferente a la de cualquier otro objeto de nuestro sistema planetario.

El tercer acontecimiento del año 1969 ocurrió en Australia unos meses después de la llegada del ser humano a la Luna. El veintiocho de septiembre —y como si aquel año no hubiera sido suficiente la caída de las piedras de Allende— tuvo lugar la caída de otra gran lluvia de meteoritos en Murchison. Era un domingo por la mañana y la mayoría de los habitantes de Murchison se encontraban en la iglesia cuando, de repente, vieron una gran bola de fuego que se acercaba. Momentos después vieron caer centenares de piedras en un área de unos ocho kilómetros cuadrados que en total sumaron unos quinientos kilogramos de peso. Como pasó con las piedras de Allende, los meteoritos que cayeron en

Murchison pertenecían a otro tipo de meteoritos muy raros, las condritas carbonáceas CM2.

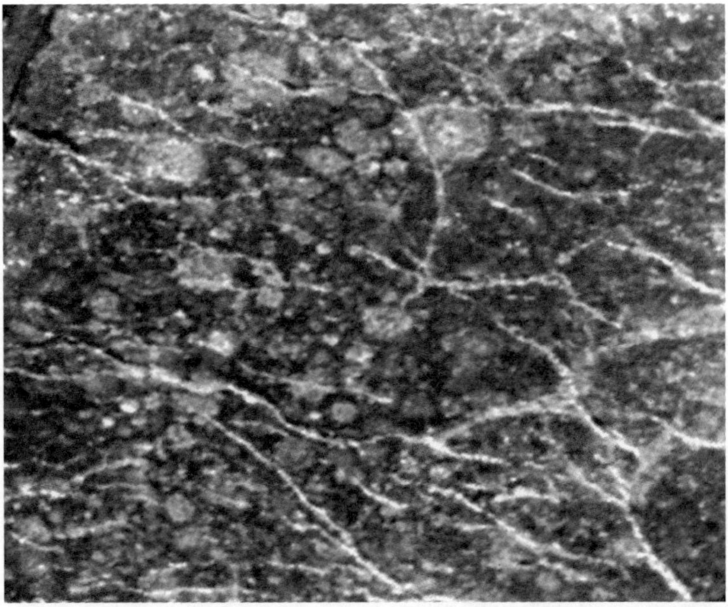

Corte pulido del meteorito NWA 1465, encontrado en el Sahara en el 2003, perteneciente a la familia de las condritas carbonáceas del tipo CM. En su interior se encuentran una gran cantidad de moléculas orgánicas y arcillas. La fotografía corresponde a unos 5 cm de lado.

Este tipo de meteoritos tiene una singularidad muy, muy especial. En su interior se han encontrado moléculas orgánicas formadas mucho antes que en la Tierra apareciese la vida. De color muy oscuro, casi como el carbón, los meteoritos de Murchison contienen un diez por ciento de agua, por lo que son muy frágiles y delicados. En Murchison se han encontrado, de momento, más de seiscientas moléculas orgánicas distintas con una amplia variedad de estructuras y grupos funcionales, como por ejemplo hidrocarburos, aldehídos, cetonas, éteres, ésteres, ácidos carboxílicos, hidroxiácidos, alcoholes, aminas, amidas, aminoácidos, bases nitrogenadas y diversos polímeros. Ante esta complejidad orgánica tan sorprendente, en un principio se pensó que quizás todas estas moléculas orgánicas se debían a contaminación terrestre. De hecho, ya en 1868 el químico francés Pierre Eugène Marcelin Berthelot (1827-1907), conocido por ser uno de los fundadores de la química orgánica moderna, identificó en el meteorito caído cuatro años antes en Orgueil, al sur de Montauban, Francia, compuestos orgánicos con propiedades químicas parecidas al carbón. En aquella época las técnicas analíticas no pudieron discernir si aquellos compuestos procedían del espacio o bien eran debidos a contaminación terrestre. Por su parte, en 1969 ya había pasado más de un siglo de la caída de la piedra de Orgueil y entonces sí que el meteorito estaba claramente contaminado. Pero la llegada del meteorito de Murchison tuvo lugar en el momento oportuno. El análisis minucioso efectuado justo después de su caída permitió demostrar que, verdaderamente, las moléculas orgánicas que contenían los meteoritos procedían del espacio.

Esto lo sabemos con certeza porque muchas de las moléculas orgánicas de Murchison tienen unas características singulares. Por ejemplo, los seres vivos de la Tierra utilizamos una veintena de aminoácidos para fabricar nuestras proteínas y, casi todos, lo hacemos de manera exclusiva con los isómeros que llamamos del tipo L. Los isómeros L y D (levógiros y dextrógiros, respectivamente) son moléculas que tienen los mismos átomos y la misma estructura pero que, en cambio, no se pueden superponer entre ellas y además una es la imagen reflejada de la otra. Son como nuestras manos, tanto la mano izquierda como la derecha tienen la misma forma y el mismo número de dedos, pero son diferentes porque si ponemos una encima de la otra los dedos no coinciden; en cambio, al poner una de ellas delante de un espejo se obtiene la otra mano. Esta diferencia provoca que unos isómeros sean activos desde el punto de vista biológico, al menos en nuestro planeta, y los otros no. Por este motivo casi todos los seres vivos que habitamos la Tierra sólo tenemos aminoácidos de un tipo. Pues resulta que los aminoácidos que se han encontrado en Murchison y en otras condritas carbonáceas son tanto del tipo L como del tipo D y, además, se han encontrado cerca de ochenta. Esto significa que los aminoácidos de los meteoritos no tienen su origen en procesos de contaminación terrestre. Por otro lado, la distribución isotópica de carbono, nitrógeno e hidrógeno de las moléculas orgánicas de las condritas carbonáceas es anómala. Por anómala entendemos que es muy diferente a la que tenemos en nuestro planeta y, en cambio, se parece más a la composición isotópica de los lugares más fríos del universo. En estos momentos no sabemos si las moléculas orgánicas que han ido llegando a la Tierra de mano de las condritas carbonáceas y de los cometas (también en los cometas hay una gran diversidad de moléculas orgánicas) han podido tener relación con el origen de la vida en nuestro planeta. Es una cuestión muy estimulante que sigue abierta porque sabemos muy bien que la química orgánica no es exclusiva de la Tierra.

La llegada del meteorito de Murchison, además de darnos una gran cantidad de información sorprendente acerca del material orgánico que existe en el espacio, también nos enseñó otra de las maravillas de la galaxia donde vivimos. Recordemos que una de las preguntas que los científicos se formulan es si entre los distintos tipos de meteoritos hay alguno que sea el ancestro, es decir, si aún existen rocas en el sistema solar que se hayan mantenido más o menos tal y como se formaron hace unos cuatro mil seiscientos millones de años, a partir de las cuales se formaron los planetas y todo lo que hay en nuestro sistema planetario.

Si encontrásemos el ancestro de entre los distintos tipos de meteoritos podríamos entender un poco mejor, por ejemplo, cómo se formó la Tierra y a partir de qué. Dado que las rocas de la corteza terrestre más antiguas tienen unos tres mil ochocientos millones de años, para viajar más atrás en el tiempo nos hacen falta muestras aún más primitivas, como los meteoritos de Allende y Murchison, de unos cuatro mil seiscientos millones de años. Pues bien, en el meteorito de Murchison y en otras condritas carbonáceas primitivas se han encontrado granos muy pequeños de carburo de silicio, grafito, diamante... ¡que se formaron en otras estrellas de nuestra galaxia antes de la mismísima aparición del Sol! Son los denominados *granos presolares*.

A lo largo de su vida o al final de la misma por culpa de una explosión, estas estrellas dispersaron su contenido en el medio interestelar, desde donde fueron a parar a los lugares más insospechados del universo. Uno de estos lugares fue la nube de gas y polvo que originó al sistema solar, donde sólo han podido sobrevivir en lugares fríos y solitarios, como los asteroides pequeños. Todos los granos presolares son microscópicos y representan en su conjunto menos de una milésima parte del meteorito donde se encuentran. A partir de la distribución de isótopos de estos granos se sabe que no todos provienen del mismo lugar, sino que se formaron en distintos momentos y en distintas estrellas, como gigantes rojas, novas, supernovas...

Una de las cosas más prodigiosas de los meteoritos de Allende y Murchison es que su caída tuvo lugar precisamente el mismo año en el que el ser humano fue a la Luna, es decir, justo en el momento que muchos laboratorios habían estado años preparándose para analizar las muestras que los astronautas tenían que traer consigo. Se pusieron a punto los mejores espectrómetros, cromatógrafos y otras técnicas analíticas y microscópicas. Gracias a esto, los meteoritos de Allende y Murchison pudieron ser estudiados con gran detalle justo después de haber caído. ¡Una formidable coincidencia!

El cuarto y último acontecimiento de un año lleno de sorpresas fue el hallazgo casual de numerosos meteoritos en la Antártida. Uno de los científicos de la expedición japonesa que aquel año fue a la Antártida a realizar estudios sismológicos encontró, por casualidad, nueve meteoritos cerca de las montañas Yamato. A raíz de este encuentro, seis años más tarde otro equipo de científicos japoneses volvió al mismo sitio con el propósito, esta vez sí, de buscar meteoritos. ¡Encontraron seiscientos sesenta y tres en un mes! A partir de ese momento empezó la búsqueda sistemática de meteoritos en la Antártida, que aún continua, y ya son más de veinticinco mil los ejemplares encontrados en el continente helado. Esto representa más del triple que todos los meteoritos que se han encontrado durante siglos en el resto del planeta.

¿Por qué hay tantos meteoritos en la Antártida? La Antártida es un continente único por muchos motivos, uno de los cuales es porque está recubierto de hielo. El hielo se mueve de manera lenta desde el interior del continente hacia las costas, transportando todo lo que le haya podido caer encima. Los meteoritos son objetos pesados, de modo que en su viaje hacia el mar se hunden cada vez más en el hielo. Pero en la Antártida también hay montañas, de manera que cuando el hielo se encuentra con una montaña enfrente no puede continuar su camino y se acumula. Los vientos fuertes que reinan en la Antártida y el calor del Sol provocan la sublimación del hielo, es decir, el hielo pasa de sólido a gas directamente sin pasar a ser agua líquida. En un año sublima algo así como cinco centímetros de grosor de hielo. De este modo los meteoritos que estaban atrapados en el hielo aparecen en la superficie y se van concentrando lentamente en estas zonas, empujados además por el hielo nuevo que va llegando. Al tener una corteza de fusión generalmente de color oscuro, los meteoritos son fáciles de reconocer encima de la sábana blanca y azulada de hielo. Y así es como los meteoritos se recogen en la Antártida, como si de setas se tratase. Casi cada año se organizan expediciones para recolectar meteoritos durante el verano antártico, hacia diciembre-enero. Los miembros de las expediciones suelen rastrear a pie o con trineos motorizados las zonas que antes seleccionan a partir de observaciones hechas con satélites y helicópteros, manteniendo entre ellos una distancia de unos veinticinco metros. Cuando se encuentra un meteorito se anota su posición exacta, se fotografía, se le da un nombre y se guarda en una bolsa especial.

Además de recolectar meteoritos, también se han invertido esfuerzos importantes para buscar piedras minúsculas caídas del cielo en las zonas polares de nuestro planeta, ya que éstas pueden aportar informaciones nuevas. Estas piedrecitas, llamadas *micrometeoritos*, suelen medir unas pocas décimas de milímetro. La primera expedición que se organizó con el propósito de recuperar micrometeoritos tuvo lugar en Groenlandia en 1984. Groenlandia es uno de los lugares más bellos del planeta, sobre todo durante el verano ártico, desde junio hasta principios de agosto. En esta época del año

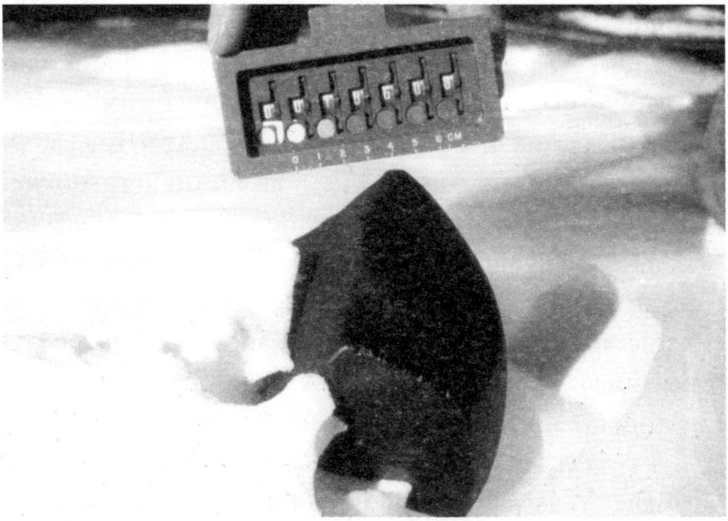

En la Antártida se han encontrado muchos más meteoritos que en cualquier otro lugar del planeta. Esto se debe a que resaltan sobre el hielo y a un mecanismo de acumulación debido al movimiento del hielo y a la orografía de determinadas zonas. Esta fotografía fue tomada durante una expedición de búsqueda de meteoritos en enero de 1996 en Queen Alexandra, Antártida, y corresponde a una condrita ordinaria tal y como fue hallada (fotografía Anders Meibom, Universidad de Stanford).

se funden de manera natural grandes cantidades de hielo en los márgenes de los glaciares y aparecen ríos imprevisibles por todas partes, que dibujan laberintos más peligrosos que el que mandó construir el rey Minos de Creta a Dédalo para recluir al Minotauro en un lugar seguro. Estos ríos arrastran consigo sedimentos de color negro que se conocen con el nombre de *crioconita*, que están constituidos esencialmente por microorganismos. En la crioconita se concentran los micrometeoritos que estaban dispersos en el hielo. Entonces se trata sencillamente de encontrar y recoger crioconita, porque después en el laboratorio ya se hace el trabajo de separación y selección con la ayuda de un microscopio.

También hay otros métodos. En 1987, tres años después de la primera expedición a Groenlandia, se organizó la primera expedición al otro extremo del planeta, a la Antártida, con el objetivo de recolectar micrometeoritos. En la Antártida el frío es mucho más intenso que en el ártico y no hay crioconita, de manera que lo que se hizo fue fundir toneladas de hielo con chorros de agua caliente y después filtrar el agua que se obtenía. De este modo se obtuvo una arenilla, tan sólo cien miligramos, pero mucho más rica en micrometeoritos que la crioconita de Groenlandia, ¡un grano de arena de cada diez era un micrometeorito!

Desde hace unos años, además de recuperar piedras grandes y pequeñas caídas del cielo en la Antártida y Groenlandia, también se han encontrado muchos meteoritos en desiertos cálidos como el Sahara o Nullarbor Plain (de *nulla arbor*, sin árboles) en Australia, donde también resaltan lo suficiente sobre el paisaje. De hecho, el primero en buscar sistemáticamente meteoritos en un desierto fue Ivan Wilson, quien en 1957 encontró unos setenta y cuatro en Roosevelt County, en Nuevo México, Estados Unidos. Wilson fue discípulo de Harvey Nininger (1887 1986), uno de los pioneros tanto en la recolección de meteoritos como en su divulgación. Nininger llegó a rescatar unos dos mil meteoritos en los Estados Unidos, algunos de los cuales los encontró él mismo y otros se los traían la gente de los pueblos que visitaba. Nininger, con el visto bueno del párroco, explicaba en el púlpito de la iglesia de cada pueblo, tres minutos antes del oficio del domingo, cómo eran las piedras y trozos de metal que caían del cielo.

X. EN LA TIERRA TAMBIÉN HAY CRÁTERES

Si observamos la Luna con unos prismáticos veremos en la cara que nos mira un montón de cráteres de cualquier tamaño, ¡miles! Estos cráteres los han hecho los meteoritos que han chocado con la Luna durante miles de millones de años. Entonces la pregunta es, si en la Luna —que es el cuerpo planetario más cercano a nosotros— hay tantos cráteres de impacto, ¿por qué en la Tierra apenas hay cráteres provocados por meteoritos?

A diferencia de lo que ocurre en la Luna, la Tierra tiene una atmósfera que nos protege. Además, nuestro planeta tiene una intensa actividad geológica que ha ido borrando la mayoría de los cráteres que en su día seguro que se originaron por la caída de grandes meteoritos. La tectónica de placas, la erosión y el clima han eliminado de manera muy eficaz cualquier memoria de estos acontecimientos catastróficos, aunque como veremos, también tenemos alguna excepción.

En cambio, y a diferencia de la Tierra, la Luna está muerta desde el punto de vista geológico desde hace más de tres mil millones de años, de modo que ninguna erupción volcánica o deriva continental ni la lluvia o el viento han borrado las cicatrices que las piedras y trozos de metal que le han caído encima han hecho durante todo este tiempo. Además, como que la Luna prácticamente no tiene atmósfera, los cuerpos que le caen encima lo hacen violentamente sin desacelerarse. Incluso parece que en alguna ocasión se ha visto a simple vista desde la Tierra alguno de los grandes impactos que ha recibido la Luna. Así narró Gervasio de Canterbury (1141-1210) en *Chronica*, la historia eclesiástica de Canterbury del siglo XII, lo que vieron cinco monjes del monasterio el dieciocho de junio de 1178:

Había una brillante Luna nueva, y como es habitual en esta fase sus cuernos estaban inclinados hacia el Este. De pronto, el cuerno superior se abrió en dos. En el punto medio de la división emergió una antorcha flameante, que vomitaba fuego, carbones calientes y chispas.

Hace unos años se propuso que el cráter de la Luna llamado Giordano Bruno, de veintidós kilómetros de diámetro y de edad muy reciente, podía ser el resultado del choque que habían presenciado los monjes de Canterbury. No obstante, es de suponer que una colisión capaz de crear un cráter de tal magnitud en la Luna habría originado una intensa lluvia de los fragmentos que se habrían desprendido de la misma sobre la Tierra. Se ha calculado que la cantidad de material lunar que habría llegado a la Tierra a raíz de un impacto capaz de crear el cráter de Giordano Bruno ¡originaría una lluvia de miles de estrellas fugaces por hora durante varios días!, y no existe ningún registro de un suceso así en documentos europeos, chinos, árabes, japoneses, etc. de la época.

¿Qué fue entonces lo que presenciaron los monjes de Canterbury en 1178? El debate sigue abierto.

La única fuente de erosión en la Luna es, precisamente, el impacto de los meteoritos, desde los más pequeños a los más grandes. Por esto los astronautas encontraron polvo en la superficie de la Luna, porque es el resultado de la trituración de las rocas de la superficie por el efecto de los meteoritos que caen. Aunque esta erosión es tan lenta que harán falta unos cuantos millones de años antes de que la primera pisada de Neil Alden Armstrong se borre...

La superficie de la Luna está repleta de cráteres de impacto de meteoritos de todos los tamaños. Al carecer de una atmósfera protectora, cualquier cuerpo procedente del espacio que choca con la Luna lo hace de manera violenta y origina un cráter (fotografía Josep M. Bosch, 1994).

Pero, aunque muchos menos, en la Tierra también hay cráteres originados por la caída de grandes meteoritos. A pesar de que la caída de piedras del cielo era conocida desde hacía mucho tiempo, no fue hasta el siglo XX que se reconoció un cráter originado por uno de estos acontecimientos. El *Meteor Crater*, también llamado *cráter de Barringer* —ahora veremos por qué— es un gigantesco agujero en pleno desierto de Arizona, Estados Unidos. Un conjunto de bloques de piedra dispuestos sin orden alguno se levantan cuarenta o cincuenta metros a su alrededor. El cráter mide un kilómetro y doscientos metros de diámetro y tiene unos ciento ochenta metros de profundidad.

Cuando los primeros colonos se instalaron en el lugar, alrededor de 1870, encontraron que a partir de unos diez kilómetros del cráter el suelo estaba repleto de trozos de hierro, los cuales, por supuesto, eran utilizados por los indios desde hacía mucho tiempo para construir todo tipo de utensilios. Eran meteoritos del tipo metálico. El primer lugar donde los colonos encontraron los meteoritos fue en Canyon Diablo y, a partir de entonces, a todos los meteoritos asociados al cráter se les ha llamado así. De hecho, fueron los trozos de metal lo que llamó la atención de los colonos y no el cráter, que se creyó que se trataba de un volcán apagado, como otros que había no muy lejos de allí.

Unos años después, en 1892, Grove Karl Gilbert, director de la Oficina de Prospección Geológica de los Estados Unidos, conoció la existencia del cráter y de los trozos de hierro dispersados a su alrededor. Y así fue como se dirigió al lugar con dos hipótesis en la cabeza, por un lado que el cráter se hubiese formado por el impacto de un meteorito gigante, por el otro que se tratase de una explosión de vapor derivada de fenómenos volcánicos. Gilbert tenía mucho interés en estudiar el cráter porque estaba inmerso en la controversia que desde hacía mucho tiempo tenía ocupados a los científicos respecto al origen de los cráteres de la Luna, ¿se trataba de volcanes o de impactos de meteoritos? Gilbert pensó que si el cráter de Arizona lo había provocado un meteorito, éste tenía que haber sido igual de grande que el mismo cráter y que, además, aún se encontraría enterrado bajo el cráter. Para comprobar su hipótesis midió y comparó el volumen del cráter con el de las rocas apiladas a su alrededor, y vio que no se correspondían. Gilbert concluyó, por tanto, que el cráter se había creado a raíz de una explosión de origen volcánico de vapor de agua. Resulta sorprendente que Gilbert ignorara la presencia de miles de meteoritos alrededor del cráter y que, en cambio, no hubiera rocas volcánicas, pero la verdad es que su opinión, la del director de la Oficina de Prospección Geológica, parecía dar por zanjado el tema del cráter de Arizona.

Diez años después, en 1902, Daniel Moreau Barringer supo de la existencia del cráter hablando con su amigo Samuel Holsinger. Se dice que cuando Holsinger le contó cómo era el cráter y que el suelo estaba repleto de meteoritos metálicos, a Barringer se le cayó el puro que estaba fumando de las manos y dijo: "¡Esto es imposible! si es verdad, ¿cómo es que no he oído hablar antes de él?". En ese momento el cráter ya había seducido y cautivado a Barringer, una seducción que marcaría el resto de su vida. Barringer había estudiado para ser abogado en la Universidad de Pennsylvania, donde se graduó en 1882, pero su carácter intrépido y aventurero hizo que pronto se cansara del oficio y se convirtiese en ingeniero de minas. Ese mismo año, en 1902, tuvo un golpe de suerte al descubrir una mina de plata en

Pearce, Arizona, la Commonwealth Silver Mine, lo que le propició una buena fortuna. Después de lo que le contó Holsinger y, lo que es aún más sorprendente, sin haber visto aún el cráter, Barringer creó la Standard Iron Company con otro amigo suyo, el físico Benjamin Chew Tilghman. El propósito de la empresa era extraer el hierro y otros metales, como níquel y cobalto, que tenían que estar enterrados bajo el cráter porque, desde el primer momento, Barringer creyó que el cráter lo había hecho un meteorito y que éste aún tenía que estar allí, la prueba eran los miles de trozos que se hallaban a su alrededor. La Standard Iron Company se hizo con los derechos de explotación del cráter.

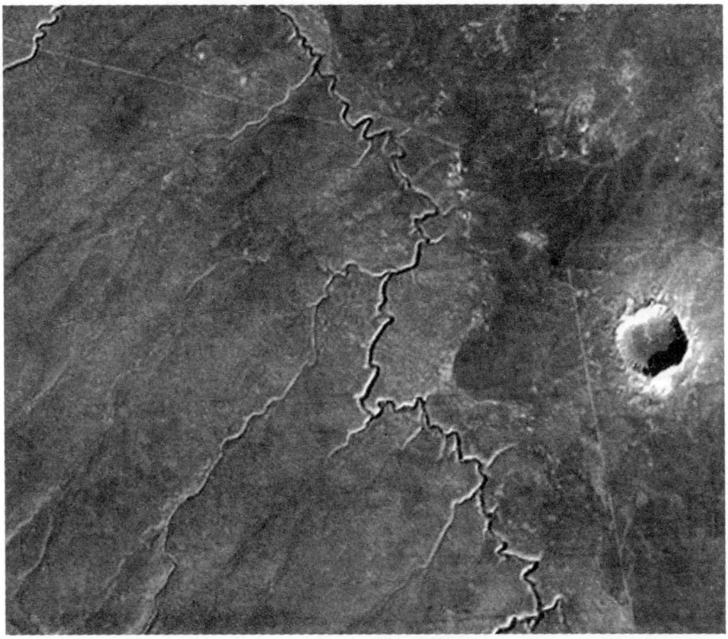

Imagen del Meteor Crater, Arizona, tomada por el satélite Landsat 4 el 14 de diciembre de 1982. El cráter, de más de un kilómetro de diámetro, se encuentra en la parte derecha de la imagen, mientras que el Canyon Diablo atraviesa la imagen serpenteando de arriba a abajo. El ancho de la imagen corresponde a unos 12 kilómetros (fotografía NASA).

En 1903 Barringer y Tilghman empezaron la prospección en la base del cráter, pero no encontraron hierro, tan sólo un montón de rocas que ponían en evidencia que allí había tenido lugar un choque muy violento. Dado que el mundo académico no estaba nada convencido de que se tratase de un cráter provocado por la caída de un meteorito —sobre todo después del estudio de Gilbert— Barringer defendió en 1906 y después en 1909 su teoría en la Academia de Ciencias Naturales de Filadelfia, pero sin demasiado éxito. Por su parte, el geólogo George Perkins Merrill había analizado un mineral nuevo que Barringer había encontrado en el cráter y concluyó que se trataba de una nueva variedad de cuarzo que sólo se podía haber formado bajo condiciones muy extremas, como las resultantes del impacto de un gran meteorito caído del cielo. Además, Merrill había observado que a partir de una cierta profundidad las capas de rocas bajo el cráter no estaban alteradas, lo que hacía imposible que el cráter se pudiera haber formado por alguna fuerza que proviniera del interior de la Tierra, como una explosión volcánica. Los trabajos de Merrill hicieron cambiar de opinión a la mayoría de los académicos, quizás porque Merrill era un científico de renombre y no un simple entusiasta como Barringer.

Pero las cosas no andaban bien en la búsqueda de la mina de hierro en el cráter y, en 1910, Tilghman abandonó. Barringer continuó buscando y buscando. En el año 1928 Barringer aún no había encontrado la masa de metal del meteorito que creía que debía encontrarse bajo la base del cráter, a pesar de las numerosas prospecciones que había hecho desde 1903, algunas de ellas de más de cuatrocientos metros de profundidad. Veinticinco años buscando una mina de hierro y níquel después de haber invertido mucho dinero en el empeño hizo que los accionistas de la Standard Iron Company empezaran a inquietarse, sobre todo cuando una de las prospecciones había inundado el cráter con agua, lo que hacía muy difícil trabajar en él. Ante la situación, un grupo de accionistas pidió la opinión del astrónomo Forest Ray Moulton, un experto en explosivos de la primera guerra mundial, para que les dijera qué dimensión debería tener el meteorito que supuestamente descansaba bajo el cráter.

Moulton calculó la cantidad de energía necesaria para originar el cráter y a partir de aquí calculó las dimensiones que debía tener el meteorito. Después de repetir los cálculos de diversas maneras, concluyó que el objeto podía tener unas trescientas mil toneladas de peso. Los cálculos de Moulton escandalizaron a los accionistas de la Standard Iron Company, dado que Barringer les había asegurado que encontrarían una mina de unos diez millones de toneladas. Pero aún había otra cosa mucho peor, Moulton también les dijo que la gran cantidad de energía que se liberaría durante el impacto haría que el meteorito se vaporizase casi totalmente, ¡de manera que nunca encontrarían una mina de hierro en el cráter! Esto ocurría en 1929, aunque otros científicos ya habían dicho antes que los impactos de meteoritos grandes resultaban, de manera obligada, en su volatilización dada la gran cantidad de energía que se liberaba durante el impacto. El once de septiembre de aquel mismo año, los inversores de la Standard Iron Company decidieron suspender las actividades en el cráter. Unas semanas después, Barringer, arruinado y decepcionado, murió de un ataque al corazón. En 1946 el cráter pasó a llamarse de manera oficial Meteor Crater. Hoy en día, haciendo honor a la primera persona que demostró la existencia de cráteres producidos por el impacto de meteoritos en la Tierra, también se le llama *Barringer Meteorite Crater*.

Barringer, sin duda alguna un hombre tenaz y de espíritu aventurero, no pudo ver nunca la mina de hierro que tanto ansiaba encontrar, pero en cambio vio aceptada su teoría de que el cráter lo había provocado un meteorito gigantesco y, además, pudo contemplar con satisfacción cómo uno de sus hijos, Reau, descubría en 1921 otro cráter producido por el impacto de otro gran meteorito en Odessa, Texas. Por otro lado, cabe decir que la esperanza de Barringer de encontrar hierro y otros metales en el Meteor Crater no era del todo inverosímil. Hace unos mil ochocientos setenta millones de años cayó un meteorito gigantesco de unos diez kilómetros de diámetro en Sudbury, Ontario, Canadá. La colisión provocó una depresión en el suelo de varios kilómetros de profundidad, la cual se tornó rica en metales como níquel, cobre y platino a partir de fluidos terrestres. Estos tesoros hicieron de Sudbury una ciudad minera muy importante desde que en 1883 fueran descubiertos por los trabajadores de la compañía de trenes Canadian Pacific Railway. Aún hoy, después de haberse agujereado más de cinco mil kilómetros de túneles, un diez por ciento de todo el níquel que se consume en el mundo (unos novecientos millones de kilogramos al año) se extrae del cráter de Sudbury. Como es de suponer, no fue hasta muchos años más tarde que se relacionaron las minas de Sudbury con el impacto de un meteorito, porque de no haber sido así, seguro que Barringer habría encontrado muchos más accionistas para la Standard Iron Company...

Se han realizado una gran cantidad de estudios relacionados con el Meteor Crater. Sabemos que el cráter se originó hace unos cuarenta mil años por un meteorito metálico que llegó a la Tierra a unos sesenta y cinco mil kilómetros por hora. A título comparativo podemos usar el meteorito metálico más grande que jamás se haya encontrado. Se trata del meteorito de Hoba, en Namibia, que tiene unos tres metros de largo y ancho y un metro de altura. Con sus sesenta toneladas (es decir, algo así como el peso de quince elefantes adultos juntos) constituye una de las atracciones turísticas más importantes de la zona desde que en 1955 fuera declarado monumento nacional. Pues bien, el meteorito de Hoba fue encontrado por Johannes Brits en 1920 enterrado en el suelo tan sólo unos pocos metros, por tanto, para hacer un cráter de más de un kilómetro de diámetro se necesita un meteorito mucho más grande. Se calcula que el meteorito que originó el Meteor Crater tenía unos cincuenta metros de largo.

Es decir, un trozo de metal de tres metros hace tan sólo un pequeño hueco en el suelo, pero uno de cincuenta metros hace un cráter de más de un kilómetro... ¿esto puede ser así? La energía cinética de un cuerpo que cae del cielo es $E=1/2mv^2$, donde m es su masa y v la velocidad, de modo que a medida que aumenta la masa y la velocidad del cuerpo aumenta también la energía del choque con el suelo. Si el objeto que originó el Meteor Crater pesaba unas trescientas mil toneladas, tal y como calculó Moulton, entonces la energía del impacto fue miles de veces mayor que la energía liberada en el impacto del meteorito de Hoba. Con esta gran cantidad de energía se formó el cráter de Arizona y se vaporizó la casi totalidad del meteorito que cayó. Hoy en día sabemos que los cuerpos que pesan algo así como más de cien toneladas no soportan un impacto con nuestro planeta porque se vaporizan por la violencia del mismo, aunque se pueden desprender algunos fragmentos pequeños que sí pueden sobrevivir. Por tanto, las consecuencias de las caídas de los meteoritos pueden ser muy distintas en función de variaciones relativamente pequeñas en su tamaño.

Otro nombre asociado de manera especial al Meteor Crater es el de Eugene Shoemaker. En los años sesenta, Shoemaker encontró un nuevo mineral en el cráter al que llamó *coesita*, en honor al químico que lo creó por primera vez en el laboratorio en 1953, Loving Coes. La coesita tiene la misma composición que el cuarzo, SiO_2, pero con una estructura cristalina más densa, al igual que el mineral que Merrill había descrito cincuenta años atrás. La coesita se forma cuando se somete al cuarzo común a una presión cuarenta mil veces superior a la ambiental y a temperaturas cerca de los mil grados centígrados. Su presencia es, sin lugar a dudas, un buen indicador para saber si un cráter se ha podido formar o no por el impacto de un gran meteorito, porque no hay otro escenario natural posible para explicar su formación. Otra de las cosas que hizo Shoemaker fue entrenar de manera intensiva a los astronautas que fueron a la Luna para que hicieran observaciones geológicas útiles y supieran qué rocas escoger una vez allí para traerlas a la Tierra. Y el Meteor Crater fue uno de los lugares preferidos de entrenamiento.

Años después, Shoemaker y su esposa Carolyn se dedicaron a buscar cometas y asteroides en el firmamento desde el observatorio Palomar, al sur de California. ¡Llegaron a descubrir más de ochocientos asteroides! Además, uno de los cometas que encontraron, junto con su amigo David Levy, fue el famoso cometa que se estrelló en 1994 contra Júpiter. Eugene Shoemaker murió a los sesenta y nueve años de edad, en julio de 1997, en un accidente de coche en Alice Springs, Australia, precisamente un día que iba junto a Carolyn a visitar un cráter originado por un meteorito. Tras el trágico accidente, la NASA rindió homenaje a Shoemaker añadiendo su nombre al de la sonda NEAR que despegó en febrero de 1996 con el propósito de estudiar a los asteroides Matilde y Eros, que pasó a llamarse *NEAR-Shoemaker*. Sus cenizas se encuentran en estos momentos en la Luna, el lugar donde siempre había soñado ir. La sonda *Lunar Prospector*, lanzada en septiembre de aquel mismo año, las llevó hasta allí. La sonda estuvo en órbita durante más de un año alrededor de la Luna para cartografiarla con detalle y realizar otros estudios y después, al agotarse sus baterías, se estrelló contra ella. Las cenizas de Shoemaker iban dentro de una cápsula grabada con las imágenes de un cometa (el cometa Hale-Bopp) y del Meteor Crater, además de un fragmento de Romeo y Julieta de William Shakespeare que dice:

> *Y cuando él muera,*
> *cógelo y recórtalo en pequeñas estrellas,*
> *y él hará que el rostro del cielo sea tan bello*
> *que todos se enamorarán de la noche,*
> *y ya nadie recordará al Sol brillante.*

El cráter de Arizona fue el primero en ser reconocido como cráter de impacto provocado por la caída de un cuerpo procedente del espacio sobre la Tierra, pero hoy en día conocemos más de ciento cincuenta en todo el planeta, aunque con toda seguridad deben haber más en el fondo de los océanos y en sitios donde la vegetación y otros factores los camuflan. Curiosamente, muchos de estos cráteres fueron localizados mediante fotografías aéreas obtenidas durante la segunda guerra mundial. Únicamente en algunos de ellos se han encontrado restos de los meteoritos que los provocaron, en todos los otros casos la violencia del impacto debió ser tan grande que la casi totalidad del cuerpo incidente desapareció, aunque también es posible que el paso del tiempo los haya alterado y escondido. En estos casos, además de estudiar la geología propia del cráter y de su entorno también hace falta buscar la existencia de otras evidencias igualmente irrefutables, como por ejemplo la presencia de vidrios fundidos por el impacto o de minerales que sólo se forman bajo condiciones extremas, como la coesita de Shoemaker.

Las tectitas —del griego *tektos*, que significa fundido— son unos objetos de unos pocos centímetros y de color uniforme (normalmente negros, pero también hay verdes y amarillos) que parecen gotas o trozos de vidrio. Al igual que ocurre con los meteoritos, las tectitas se encuentran en sitios donde no tienen ningún tipo de relación con las rocas de los alrededores. Hasta el momento se han encontrado tectitas sobre todo en Costa de Marfil, Australia, Indonesia, Vietnam y Filipinas, pero también en Libia, Eslovenia, República Checa (las llamadas *moldavitas*) y Estados Unidos. Las tectitas se componen esencialmente de sílice y alúmina y no se parecen para nada a los meteoritos, son vidrios que se formaron como consecuencia del impacto de meteoritos gigantescos. Éstos, al caer, funden parte de las rocas del suelo, las cuales son expulsadas al aire de manera violenta. Al enfriarse durante su vuelo atmosférico, también de manera repentina, forman los vidrios, por eso muchas de ellas tienen forma de gotas o botones. El cráter Ries, en Alemania, es el que originó a las moldavitas, que se han llegado a encontrar hasta trescientos o cuatrocientos kilómetros alejadas del cráter. El cráter Ries es el mejor estudiado de Europa, tiene un diámetro de más de veinte kilómetros y en su interior se encuentra la ciudad de Nördlingen. Se calcula que lo originó un meteorito de unos seiscientos metros de diámetro que cayó hace unos quince millones de años. La iglesia de San Jorge de Nördlingen se construyó hace unos quinientos años con *suevita*, una roca porosa y poco pesada muy abundante que se originó, precisamente, a consecuencia del impacto. El cráter de Bosumtwi, en Ghana, fue la fuente de las tectitas de Costa de Marfil, y las tectitas de Australia, Vietnam e Indonesia tienen más de setecientos mil años de antigüedad. Antaño se pensaba de manera errónea que las tectitas eran rocas volcánicas terrestres o incluso que provenían de volcanes de la Luna.

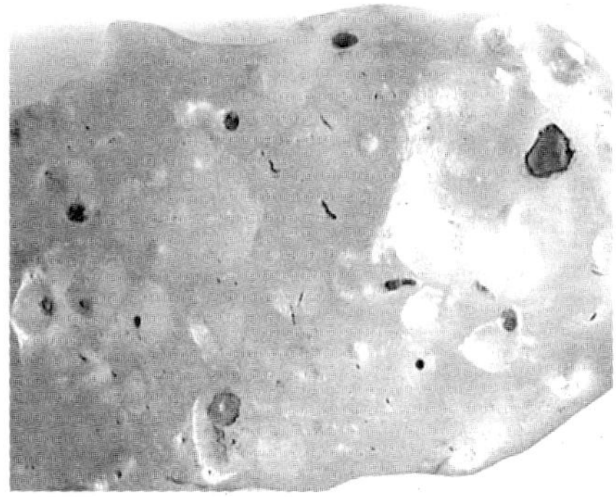

Tectitas encontradas en Moldavia (izquierda) y el desierto de Libia (derecha). En el interior de la tectita de Libia se observa aún la presencia de granos de arena que no llegaron a fundirse y formar parte del vidrio característico de estos materiales. Las fotografías corresponden a unos 2 cm de lado.

En la península Ibérica se está estudiando el origen de diversas estructuras geológicas circulares; algunas de ellas parecen ser cráteres de impacto mientras que otras no. Tenemos ejemplos en los Pirineos, en Azuara y Rubielos de la Cérida (Zaragoza), en Membrillar (Toledo) y en El Gasco (Extremadura). El cráter de Azuara, de unos treinta kilómetros de diámetro, es el que se ha estudiado más a fondo.

XI. LA MUSARAÑA Y LA LAGARTIJA

Uno de los episodios más insólitos que ha vivido nuestro planeta son, sin duda alguna, las extinciones masivas de seres vivos. Desde hace tiempo los paleontólogos se dieron cuenta de que existían discontinuidades inesperadas en los tipos de fósiles de determinadas especies en estratos geológicos sucesivos, como por ejemplo en la transición del triásico al jurásico hace más de ciento cincuenta millones de años y en la transición del cretácico al terciario hace sesenta y cinco millones de años. De hecho, en los últimos trescientos millones de años ha habido unas doce extinciones masivas, siendo la más importante la que tuvo lugar hace unos doscientos cuarenta millones de años, cuando cerca del noventa por ciento de todas las especies vivas desaparecieron. Estas discontinuidades bruscas no encajaban nada bien con el gradualismo de la evolución, según la cual los seres vivos evolucionan lentamente, al ritmo de millones de años, adaptándose al medio que los rodea. ¿Cómo se podía entender, por ejemplo, la extinción de los amonites o de los dinosaurios hace sesenta y cinco millones de años, los cuales dominaron el planeta ininterrumpidamente durante más de ciento cincuenta millones de años?

Nadie lo supo explicar hasta 1980. Aquel año, el estadounidense Luis Alvarez y su hijo Walter propusieron que la extinción de los dinosaurios y otras especies fue debida a un cambio climático provocado por la caída de un meteorito enorme. ¿De dónde salía esta idea tan atrevida y sorprendente al mismo tiempo? El momento de la extinción de los dinosaurios coincide con la bisagra de los periodos geológicos del cretácico y el terciario, también llamado límite K-T (del alemán *Kreide* y *Tertiär*). Pues bien, en esta bisagra se encuentra una capa de arcillas muy delgada, de unos pocos centímetros de grosor, que es rica en iridio, un elemento químico raro en la corteza de nuestro planeta porque es un elemento siderófilo y por tanto se concentró en el núcleo, pero relativamente abundante en los meteoritos.

La familia Alvarez realizó este descubrimiento de manera casual en la bonita ciudad medieval de Gubbio, en el norte de Italia, donde pretendían medir las velocidades de sedimentación de los estratos geológicos mediante el análisis de elementos químicos pesados poco abundantes. He aquí una combinación perfecta, un padre físico que había recibido el Premio Nobel de física en 1968 por sus aportaciones a la física nuclear y un hijo geólogo que quería calcular velocidades de sedimentación. El resultado fue que al medir el iridio en la arcilla que separaba los periodos del cretácico y terciario en Gubbio, justo en el tránsito de la extinción de los dinosaurios, encontraron una concentración cien veces mayor que en los estratos vecinos. Inmediatamente fueron a otros lugares del planeta para repetir la medida de la concentración de iridio en esta capa de arcilla. En todos los casos había una concentración anormalmente elevada de este elemento. El iridio sólo podía haber venido de un meteorito, no había duda.

De manera más reciente y como si la anomalía de iridio no fuera suficiente, también se ha encontrado en esta arcilla una gran cantidad de osmio, fullerenos, aminoácidos dextrógiros, tectitas y cuarzo formado por impacto. El osmio también es un bien escaso en la corteza de la Tierra por ser otro elemento siderófilo al igual que el iridio, pero relativamente abundante en los meteoritos. Los fullerenos son moléculas de carbono con forma de balón de fútbol que se encuentran en el espacio, después de haber sido fabricadas en la parte externa de algunas estrellas. En las condritas carbonáceas también se han encontrado fullerenos. Los aminoácidos dextrógiros (o aminoácidos D) ya hemos dicho que son raros en la Tierra puesto que casi todos los seres vivos funcionamos con aminoácidos levógiros (o aminoácidos L), mientras que los aminoácidos de los meteoritos se sintetizaron por procesos químicos sin la intervención de ningún organismo vivo, de manera que se encuentran a la par aminoácidos del tipo D y aminoácidos del tipo L. Las tectitas encontradas en el límite K-T son muy pequeñas, del orden de unos pocos milímetros, pero su presencia es el resultado inevitable de un gran impacto. Finalmente, el cuarzo anómalo de la arcilla tiene una estructura cristalina que únicamente se forma bajo condiciones de choque, tal y como hemos dicho que se encontró también en el Meteor Crater. En España se han estudiado con detalle los yacimientos K-T de Agost (Alicante) y Caravaca (Murcia).

Resulta interesante saber que la conexión entre la extinción de los dinosaurios y la caída de un meteorito enorme ya fue sugerida en 1956 por de Laubenfels. Como el mismo de Laubenfels explicó, la hipótesis de un gran impacto como origen de extinciones masivas se le ocurrió veinte años antes, cuando el asteroide Hermes pasó muy cerca de la Tierra, en 1937. Por supuesto, sin ninguna prueba nadie le hizo caso. Yo tampoco le hubiera hecho.

Entonces —y por si aún había alguien que lo dudara— en 1990, diez años después de que los Álvarez propusieran su teoría, se hizo pública la existencia de un cráter inmenso de unos ciento ochenta kilómetros de diámetro en Chicxulub, en la Península de Yucatán, México, entre las ciudades de Progreso y Mérida, con una antigüedad alrededor de los sesenta y cinco millones de años. No deja de ser sorprendente el hecho que el cráter de Chicxulub fue descubierto cuarenta y tres años antes por geólogos que buscaban petróleo para el gobierno mexicano y que su hallazgo no se hizo público para no atentar contra la propiedad intelectual que les exigía la empresa para la que trabajaban. Los mapas gravitatorios y magnéticos, donde se veía perfectamente la estructura circular del cráter, era información reservada.

Las consecuencias de la caída del meteorito de Chicxulub, de unos diez kilómetros de diámetro, debieron ser tremendas. Primero de todo el impacto en sí mismo, ¡equivalente a unos quinientos millones de bombas atómicas de Hiroshima!, habría aniquilado toda forma de vida en un radio de unos mil quinientos kilómetros. Al mismo tiempo, las olas gigantes o *tsunamis* provocadas por el impacto habrían devastado cualquier forma de vida en las costas cercanas del océano Atlántico. Así lo demuestran los sedimentos que se encuentran en todo el caribe de más de diez metros de altura correspondientes a estos tsunamis, que se extienden más de setecientos kilómetros tierra adentro, ¡setecientos kilómetros! El estudio de dichos sedimentos sugiere que el cuerpo principal de diez kilómetros que cayó iba acompañado de, como mínimo, otro cuerpo de unos dos kilómetros de diámetro. Poco después del impacto o impactos, todo el material que fue expulsado a la atmósfera e incluso más allá se distribuiría con más o menos uniformidad por todo el planeta, lo que a su vez habría provocado que la temperatura y la fotosíntesis disminuyeran de manera considerable. Esto habría desencadenado grandes distorsiones en la cadena trófica que, finalmente, conducirían a la extinción de todas las especies que no hubieran podido soportarlas, como por ejemplo los dinosaurios. Miles de especies vivas perecerían y solamente la mitad de todas las especies habría sobrevivido al holocausto. Entre las especies supervivientes había unos mamíferos parecidos a las musarañas que, muchos miles de años después, darían pie a la aparición de los primates. Posiblemente toda una suerte para nosotros...

A lo largo del perímetro del cráter de Chicxulub se encuentran unas depresiones circulares de cincuenta a quinientos metros de diámetro y de dos a ciento veinte metros de profundidad que fueron provocadas por el colapso fraccionado del terreno a raíz del impacto. Estas depresiones se conocen en México con el nombre de *cenotes* y fueron utilizadas por los Mayas con dos finalidades. Por un lado, servían de depósitos de agua en un área donde había escasez de agua superficial, por el otro, se usaban como lugares sagrados para sacrificios humanos.

El descubrimiento que un meteorito de unos diez kilómetros de tamaño acabó con los dinosaurios es, sin duda alguna, uno de los grandes descubrimientos del

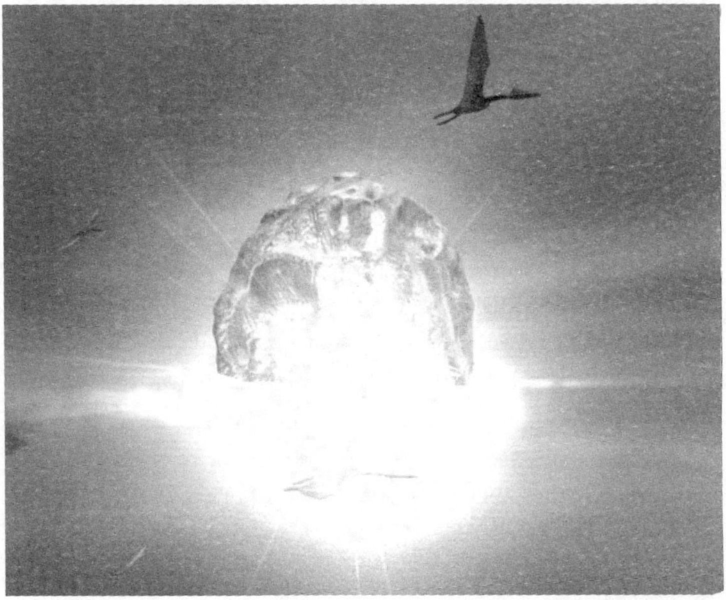

La caída de grandes meteoritos sobre la Tierra puede tener repercusiones para la vida. La caída de un meteorito de diez kilómetros de diámetro hace unos 65 millones de años causó la desaparición de muchas especies vivas, entre ellas los dinosaurios (imagen Pablo Biazzi, 2002).

siglo XX. De hecho, hay quien opina que la caída de grandes meteoritos y cometas sobre la Tierra fue una de las causas más importantes que determinaron los cambios evolutivos en nuestro planeta. También cabe decir que la extinción de los dinosaurios a causa de la caída de un meteorito que vino del espacio es un hecho que hoy en día casi todo el mundo conoce gracias a la ciencia, pero también debido al cine, tiendas de *souvenirs*, parques temáticos, etc. Seguramente esto ha provocado que la fascinación que mucha gente siente por los meteoritos esté, con frecuencia, relacionada de cerca con el miedo que un día otra piedra gigante vuelva a caer del cielo y acabe con todos nosotros, como temían los galos. Pero para que esto suceda hace falta que la Tierra choque con un cuerpo de varios kilómetros de diámetro, y en la edad actual de nuestro sistema planetario esto suele pasar tan sólo una vez en centenares de millones de años.

XII. LA PIEDRA DEL DILUVIO

Quizás nunca sabremos exactamente qué fue lo que ocurrió el treinta de junio de 1908 en un área perdida de la Siberia central, en el distrito de Krasnoyarks, cerca del río Tunguska. Sabemos que allí cayó un cuerpo procedente del espacio, aunque nunca se haya encontrado ningún trozo del mismo. El acontecimiento que vamos a contar tiene muchos de los ingredientes que se espera encontrar en una novela de ciencia-ficción, pero en este caso ocurrió de verdad. Alrededor de las siete de la mañana una bola de fuego enorme, que parecía tan grande como el Sol, sobrevoló centenares de kilómetros sobre numerosos poblados de Siberia, donde muchísima gente la vio, al igual que los pasajeros del tren transiberiano que en aquel momento pasaba por la ciudad de Kansk. La bola de fuego cayó hasta que, al perderse en el horizonte, explotó y una gran lengua de fuego partió el cielo en dos, según el relato de numerosos testigos.

Después de la aparición de la bola de fuego se escucharon diversas explosiones y se sintieron varios temblores del suelo que provocaron la rotura de cristales en las casas. Los habitantes más cercanos a la explosión sufrieron ráfagas de aire huracanado caliente y hubo gente a más de ochocientos kilómetros de distancia que oyeron la explosión. ¡Ochocientos kilómetros! ¡Es como decir que una cosa que explota en Jaén se oye en Barcelona! Un observatorio meteorológico situado a unos ochocientos cincuenta kilómetros al sur del lugar de la explosión registró un movimiento sísmico en ese momento y los barógrafos (que miden variaciones de la presión atmosférica) de todas las estaciones meteorológicas de Siberia registraron la onda de choque resultante de la explosión. Pero lo que aún resultó más espectacular es que cinco horas y cuarto después, un barógrafo ubicado en el Reino Unido también registró la misma onda de choque, aunque, por supuesto, mucho más atenuada. Por otro lado, en zonas situadas al oeste del lugar de la explosión donde aún era de noche, como por ejemplo Europa, se vio una luminosidad extraña en el cielo a causa de la existencia de pequeñas partículas que se habían desprendido de la bola de fuego al pasar por la atmósfera. Se dice que, gracias a esta luz, en Berlín se podía leer el periódico a media noche. Esta luminosidad extraña se pudo ver durante varias noches seguidas en el norte de Europa y Asia, donde sólo se podían adivinar las estrellas más brillantes al tiempo que las puestas de Sol resultaron espectaculares, con tonalidades rojizas y azuladas muy vivas.

A pesar del carácter excepcional de la bola de fuego y de la explosión, tuvieron que pasar trece años antes de que se organizara la primera expedición al lugar donde cayó el objeto. Hay que tener en cuenta que la situación política en Rusia en ese momento era complicada, primero por la Primera Guerra Mundial y después por la revolución bolchevique; además la bola de fuego cayó en un lugar especialmente inhóspito y de difícil acceso en Siberia. Finalmente, en septiembre de 1921, Leonid Alekseevich Kulik (1883-1942), miembro de la recién creada Academia de Ciencias Soviética, se acercó al lugar de la explosión y recogió numerosos relatos de los habitantes de los poblados cercanos, pero no consiguió localizar el lugar preciso del impacto. En febrero de 1927 el mismo Kulik encabezó la primera expedición oficial que, esta vez sí, localizó el lugar donde la bola de fuego había caído. Lo que vio después de diecinueve años del acontecimiento era un espectáculo dantesco. En un área comparable a la isla de Menorca los árboles de la taiga estaban quemados y arrancados del suelo con raíces y todo, a la vez que descansaban sobre la nieve de manera radial. Por en medio había miles de renos carbonizados. Al ver todo esto, Kulik pensó que el cuerpo que había caído del cielo tenía que estar bajo el suelo justo en el centro de la zona devastada, donde los árboles reposaban en direcciones distintas.

Un año después Kulik organizó una segunda expedición, esta vez con el objetivo de localizar los restos del meteorito que tenía que encontrarse enterrado en el lugar del impacto. Pero después de muchas prospecciones no encontraron nada. De este modo se originó un debate muy animado entre los miembros de la Academia de Ciencias sobre el tema de Tunguska. Había quien compartía la hipótesis de Kulik y había quien no lo veía tan claro. La Academia decidió financiar una tercera expedición, que tuvo lugar en 1930. En esta ocasión acompañó a Kulik otro experto en meteoritos, Evgenij Leonidovich Krinov, que años después encabe-

Fotografía aérea de Tunguska tomada por Leonid Kulik en 1938, treinta años después de la caída del objeto. Los árboles arrancados por la explosión del objeto que cayó quedaron distribuidos en posición radial en el suelo, por esto en esta fotografía correspondiente a una zona relativamente pequeña en comparación con la zona devastada los árboles descansan en la misma dirección (fotografía Universidad de Bologna).

zaría la búsqueda de los meteoritos de Sikhote-Alin que cayó en 1947 y de los que ya hemos hablado. Pero después de mucho trabajo de campo tampoco consiguieron encontrar ninguna piedra o trozo de metal caído del cielo.

En verano de 1938 Kulik volvió a Tunguska por cuarta vez y tampoco en esa ocasión consiguió encontrar ninguna prueba material para defender sus ideas. No había nada que se pareciera al terreno alterado por el choque de un gran meteorito como el que se veía en el Meteor Crater de Arizona, por ejemplo. Kulik no pudo volver a Tunguska para continuar sus investigaciones a causa de la Segunda Guerra Mundial. En la batalla de Moscú fue apresado y murió en un campo de concentración nazi en abril de 1942.

A partir de entonces se han realizado numerosas expediciones —algunas de ellas internacionales— para estudiar lo que pasó aquella mañana de junio de 1908 en Tunguska. Hoy sabemos, aunque dé pena decirlo, que Kulik dedicó veinte años de su vida y carrera científica a buscar un meteorito en Siberia que nunca existió. La hipótesis más aceptada es que lo que cayó fue un cometa que, al estar constituido sobre todo por hielo, desapareció en las capas bajas de la atmósfera, explotando a una cierta altura sobre el suelo. Esta teoría explica la ausencia de cráteres y fragmentos de meteoritos en Tunguska, donde sólo se han encontrado en el suelo y en la corteza de los árboles unas pequeñas esférulas, de apenas unas pocas décimas de milímetro de diámetro, que son las que habrían podido provocar la luminosidad extraña que se observó las noches posteriores al impacto. El cometa de Tunguska, si verdaderamente lo fue, debió tener una masa inicial de algunos millones de toneladas, parecido al cuerpo que Barringer creyó que había caído en el Meteor Crater.

Hubiera resultado interesante que Barringer y Kulik se hubieran conocido. Los dos compartían una auténtica pasión por encontrar un meteorito enterrado y nunca se conformaron con un *no* como respuesta. Esta manera de vivir las cosas quizás no les propició el éxito, ya lo hemos visto, pero seguro que los hizo vivir con una gran intensidad.

La idea que el cuerpo que cayó en Tunguska fue un cometa no nos debe sorprender. De manera reciente, en 1994, fuimos testigos directos de la caída de un cometa sobre otro planeta del sistema solar, en este caso Júpiter. Veintiún fragmentos del cometa Shoemaker-Levy 9, descubierto un año antes por el matrimonio Shoemaker y David Levy, empezaron a caer sobre Júpiter el dieciséis de julio de 1994. Este cometa era de una sola pieza cuando se dirigía hacia el interior de nuestro sistema planetario, pero al acercarse a Júpiter, el planeta más grande del mismo, adoptó una órbita a su alrededor y se rompió en múltiples pedazos. Muy pronto los astrónomos se dieron cuenta de que la órbita inestable del cometa alrededor de Júpiter acabaría dando por resultado el choque entre ambos cuerpos. La muerte anunciada del cometa se extendió de manera rápida por todos los medios de comunicación y, en verano de 1994, se puede decir que casi todos los telescopios del mundo apuntaban a Júpiter, al igual que el *Kuiper Airbone Observatory* (un avión provisto de un telescopio que voló a gran altura para evitar las nubes), el telescopio espacial Hubble (en órbita alrededor de la Tierra) y la sonda Galileo (¡casualmente en esos momentos de camino a Júpiter!).

Los trozos del cometa chocaron contra Júpiter a unos sesenta mil kilómetros por hora, lo que hizo que la temperatura registrada en los lugares del impacto ascendiera más de diez mil grados (¡esto es el doble de la temperatura de la superficie del Sol!). Los impactos provocaron que se levantaran toneladas de material de la atmósfera de Júpiter a alturas del orden de miles de kilómetros, las cuales volverían a caer durante los días posteriores a los impactos. Meses más tarde del acontecimiento aún era posible reconocer dónde habían caído los fragmentos del cometa. Después de ver esto, no resulta difícil imaginar que un impacto parecido en la Tierra, donde la gravedad es mucho menor que en Júpiter, haría que el material expulsado alcanzase alturas aún mayores y tardase mucho más tiempo en volverse a depositar sobre la superficie, provocando así un oscurecimiento generalizado y un cambio climático global, catastrófico para los seres vivos. Los fragmentos del cometa Shoemaker-Levy 9 tenían, más o menos, medio kilómetro de tamaño y, viendo lo que ocurrió en Júpiter, la caída de tan sólo uno de sus fragmentos sobre la Tierra podría haber cambiado mucho las cosas...

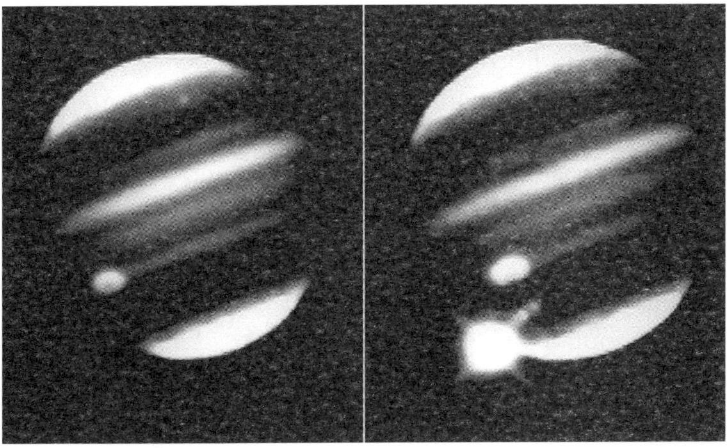

Fotografías de Júpiter en el infrarrojo tomadas el 16 de julio de 1994 justo antes y despues de la colisión del primer fragmento del cometa Shoemaker-Levy 9. En la imagen de la derecha se ve claramente el enorme brillo causado por la explosión. Las fotografías fueron tomadas con el telescopio de tres metros y medio del observatorio de Calar Alto, Almería (imagen José Luis Ortiz, Instituto de Astrofísica de Andalucía).

De hecho, lo ocurrido en Tunguska no ha sido un acontecimiento puntual y aislado en nuestro planeta. A primera hora de la mañana del trece de agosto de 1930 un suceso parecido se repitió en la selva amazónica, cerca del río Curuçá. Se produjeron tres grandes explosiones que se dejaron oír a más de doscientos cincuenta kilómetros y que provocaron un temblor de tierra de magnitud siete, el cual fue detectado en La Paz, Bolivia, a más de dos mil kilómetros de distancia. El impacto fue tan violento que originó una lluvia de cenizas hasta mediodía, momento en el que se pudo volver a ver el Sol. Únicamente algunas tribus indígenas fueron testigos directos del suceso, y su pánico y terror fueron recogidos por el fraile capuchino Fedele d'Alviano ese mismo año, lo que permitió conocer lo ocurrido. También en Nueva Zelanda, cerca de la ciudad de Tapanui, tuvo lugar la explosión de un cuerpo en la atmósfera que provocó que en un radio de unos ochenta kilómetros alrededor los árboles se quemaran y se dispusiesen de forma radial en el suelo con las copas apuntando hacia el exterior, de la misma manera como se encontraron en Tunguska.

¿Qué habría sucedido si el cuerpo que cayó en Tunguska cuatro años antes de la tragedia del hundimiento del Titanic hubiese llegado a la Tierra tan sólo unos minutos más tarde? En lugar de haber caído en Siberia, lejos de zonas densamente habitadas, lo hubiera podido hacer en el corazón de Europa, donde podría haber provocado una auténtica catástrofe humana.

Esta realidad, este *convivir con el riesgo*, ha propiciado que algunos arqueólogos hayan relacionado hechos de la historia antigua capaces de tambalear civilizaciones enteras con la caída de grandes cometas o meteoritos. Alrededor del año 2300 aC tuvo lugar una decadencia repentina en el Oriente Próximo. De manera simultánea desapareció la prodigiosa cultura Mesopotámica, se acabaron los periodos más gloriosos del antiguo Egipto —justo después de haberse construido la esfinge— y centenares de asentamientos del Valle del Indo, Grecia y de la Tierra Prometida quedaron deshabitados de manera súbita. En un principio, los arqueólogos explicaron estos hechos como sucesos independientes y motivados, básicamente, por guerras y revueltas sociales. Pero entonces los climatólogos anunciaron que habían encontrado pruebas claras que en todas estas zonas hubo de manera simultánea un cambio climático muy importante. Además se vio que este cambio climático no guardaba relación con la erupción de ningún volcán o terremoto. En Egipto, por ejemplo, se encontraron pruebas claras de cómo una de las regiones más fértiles y productivas desde el punto de vista agrícola había sufrido un aumento repentino de la temperatura e inundaciones, para acabar convirtiéndose en tierra baldía, desierto. Ahora, hace muy poco, se ha encontrado con la ayuda de los satélites un cráter de unos tres kilómetros y medio de diámetro provocado por el impacto de un gran meteorito en el sur de Irak, en la confluencia de los ríos Tigris y Eufrates. Este cráter de impacto, el cráter de Al-Amarah, cerca de Basora, tiene una edad inferior a los seis mil años —no se puede precisar más— y, a partir de su descubrimiento, hay arqueólogos que defienden que la explicación a la decadencia simultánea de las civilizaciones de los alrededores debido a un cambio climático fue la caída del meteorito que originó este cráter.

Sea verdad o no, lo cierto es que la caída de una piedra capaz de originar un cráter como el encontrado en Irak tuvo que provocar forzosamente alteraciones locales importantes, lo que sin duda alguna podría haber puesto las cosas difíciles a los habitantes de aquellas tierras. De manera lógica, uno puede imaginar que una tragedia así debería haber quedado reflejada en los escritos e iconografía de estas civilizaciones de una manera explícita. Pues bien, hay quien piensa que la caída del meteorito de Al-Amarah podría ser el origen de algunas leyendas recogidas con posterioridad en distintos escritos. Según la posición del cráter, la caída del meteorito, además de ocasionar un incendio, también habría provocado inundaciones. La epopeya babilónica sobre el diluvio universal —escrita el año 2250 aC— habla de los *siete jueces del infierno*, o *Annunaki*, quienes alzaron sus antorchas y lo quemaron todo, convirtieron el día en noche e inundaron la Tierra. ¿Podría guardar relación la caída de un meteorito con el diluvio universal?

La verdad es que puede parecer atrevido atribuir el origen del diluvio universal a la caída de una gran piedra del cielo, pero los antropólogos han recogido más de cien leyendas distintas sobre el diluvio universal en Oriente Próximo, por lo que parece razonable admitir que realmente algo grande ocurrió. La leyenda del diluvio de los coptos —los cristianos egipcios— dice de manera explícita que el diluvio estuvo precedido por fuego de la constelación del León y que, al mismo tiempo, diferentes divinidades invisibles perseguían a los egipcios con martillos de hierro. ¿Serían los martillos de hierro fragmentos de meteoritos metálicos que caían del cielo? Por su lado, la leyenda de los hititas dice que el diluvio lo causó la caída de la Luna sobre la Tierra, y la versión en sánscrito del valle del Indo dice que el mar invadió la tierra antes que empezara el diluvio. Esta misma secuencia se encuentra en el relato del diluvio del libro del Génesis del Antiguo Testamento, que está inspirado en leyendas mesopotámicas, cuando dice: *...resurgieron las aguas abismales del gran océano y se abrieron las compuertas del cielo. Y hubo lluvia sobre la Tierra cuarenta días y cuarenta noches.* El hecho que sean primero las aguas del océano las que resurjan puede corresponder a un tsunami, mientras que la lluvia después de abrirse las compuertas del cielo podría ser la consecuencia del cambio climático provocado por el impacto del meteorito. ¿Sugerente, verdad?

XIII. ¡SI LO SUPIÉRAMOS!

El doce de diciembre de 1994, el mismo año que el cometa Shoemaker-Levy se estrelló contra Júpiter, un asteroide de unos diez metros de largo pasó tan sólo a ciento cinco mil kilómetros de nosotros (la distancia que nos separa de la Luna es de unos trescientos ochenta mil kilómetros), el cual fue detectado sólo catorce horas antes de pasar de largo. Pocos años atrás, el veintitrés de marzo de 1989, un asteroide mucho mayor llamado Asclepio, de unos trescientos metros de tamaño, se acercó a nosotros a una distancia similar a la que se encuentra la Luna.

Esto, dicho de este modo, no parece esconder ningún tipo de peligro, pero si Asclepio hubiera venido seis horas antes hubiera alcanzado de pleno a nuestro planeta. Además, ningún observatorio lo vio acercarse, ¡sólo fue detectado cuando ya se alejaba de nosotros! De manera más reciente, en junio de 2002, pasó otro asteroide a tan sólo ciento veinte mil kilómetros que, al igual que

Asclepio, sólo fue visto cuando ya se iba. Y tenemos muchos ejemplos más. La especie humana no está exenta de una posible extinción, nos guste o no.

Pero hay que poner las cosas en su sitio. No sería la primera vez que alguien levanta la alarma diciendo que un asteroide determinado va a chocar con la Tierra y después no pasa nada. Por ejemplo, NT7 es uno de los objetos más peligrosos que hemos visto acercarse a nuestro planeta. Fue descubierto el nueve de julio de 2002 desde el observatorio Linear, en Nuevo México, Estados Unidos. Tiene unos dos kilómetros de diámetro y tarda ochocientos treinta y siete días en dar una vuelta completa alrededor del Sol. En un principio se alertó que la probabilidad de colisión con la Tierra era de una entre diez, y que ésta podía tener lugar el primer día de febrero del año 2019. Pero tan sólo unos días después la probabilidad descendió a una entre setenta mil, y ahora ya se habla de una entre un millón.

Esta incertidumbre aparente responde al hecho de que para determinar la órbita de un asteroide con precisión son necesarias muchas observaciones, y para esto se requiere seguir el objeto en el cielo durante unos cuantos días, o incluso semanas. A medida que fueron sucediéndose las observaciones se determinó cada vez con más fiabilidad la órbita de NT7, y la probabilidad de choque con la Tierra fue disminuyendo. A pesar de que hoy en día nadie piensa en un impacto, será preciso observar este asteroide, no sea que, por ejemplo, se partiera y alguno de sus fragmentos adoptase una órbita peligrosa.

Otro caso parecido de alarma excesiva ha ocurrido de manera muy reciente con el asteroide AS1. ¡En la noche del 13 de enero de 2004 algunos científicos creyeron que habían descubierto un asteroide de treinta metros que tenía una probabilidad del 25% de chocar con la Tierra en un plazo de tan sólo treinta y seis horas! Al final resultó que el asteroide era mucho mayor de lo calculado inicialmente, medio kilómetro de diámetro, pero pasó bastante lejos de nosotros, a unos doce millones de kilómetros. Por suerte, la alarma —digamos que precipitada— se dio a conocer únicamente en círculos científicos para que todos los observatorios apuntaran sus telescopios hacia el objeto con el fin de determinar con rapidez su órbita con mayor precisión, ¿qué habría ocurrido si la noticia del posible impacto hubiera trascendido a los medios de comunicación durante esas treinta y seis horas?

Esta temática, la del fin del mundo por el impacto de un gran meteorito, ha servido para alimentar el mundo de la literatura y del cine de ciencia-ficción. Desdichadamente no todas las películas que se han producido son mínimamente serias. Por ejemplo, en lo que a algunas de las películas más recientes se refiere, en *Armaggedon* Disney no se preocupó de buscar ningún tipo de asesoramiento científico y el resultado fue que el asteroide que se dirigía hacia la Tierra era tan grande como el estado de Texas, es decir, un millón de veces más grande que cualquiera de los asteroides que se conocen; que los protagonistas (Bruce Willis entre ellos) fueron a colocar explosivos nucleares en el asteroide con el *Space Shuttle*, cuando es bien sabido que éste está restringido a órbitas bajas cercanas a la Tierra, y muchos otros disparates. En cambio, *Deep Impact* —producida por Steven Spielberg— es una película de ficción sólida desde el punto de vista científico que contó con un asesoramiento detallado y cuyo guión se adaptó del libro *El martillo de Dios*, del conocido escritor Arthur C. Clarke. Además de *Deep Impact* y *Armaggedon*, las dos de 1998, otras películas conocidas que tratan el tema de la extinción de la especie humana por el impacto de un gran meteorito son *When worlds collide* del año 1951 y *Meteor* de 1979, con Sean Connery y Natalie Wood. En *Meteor* se combina de una manera excelente un argumento de ficción con un análisis afilado del comportamiento humano ante una situación extrema de un choque terminal.

Como es de suponer, se han establecido en diversos países programas de detección y seguimiento de cuerpos peligrosos que puedan chocar con la Tierra. En España se ha organizado recientemente la *Spaceguard Spain*, delegación de *Spaceguard Foundation*, con sede en el Observatorio Astronómico de Mallorca y constituida por astrónomos y científicos de varias especialidades e instituciones. Desde el Observatorio Astronómico de Mallorca se han descubierto en los últimos años cerca de cincuenta asteroides, algunos de los cuales ya tienen nombre propio: Mallorca, Llull, Costitx... Se da así continuidad al trabajo empezado por el gran astrónomo catalán Josep Comas i Solà (1868-1937) quien, entre otras cosas, descubrió once asteroides a principios del siglo XX (también fue el descubridor, por ejemplo, de un cometa periódico y de la atmósfera de Titán, el mayor satélite de Saturno).

Comas i Solà fue un hombre de ciencia admirable. De carácter inquieto y obstinado, llevó a cabo no sólo una importante actividad de observación astronómica sino también una intensa tarea divulgadora. Por un lado lo encontramos ejerciendo de director del Servicio de Astronomía de la Generalitat y del Observatorio Fabra de Barcelona desde que se inauguró en el año 1904. Pero por el otro lado también lo encontramos escribiendo, desde 1893 hasta su muerte, una columna quincenal de astronomía en el periódico *La Vanguardia*, lo que

Mosaico de cuatro fotografías del asteroide Eros tomadas el 5 de septiembre de 2000 por la sonda NEAR-Shoemaker, desde unos cien kilómetros de distancia. Los asteroides tienen forma irregular y numerosos cráteres debido al choque con otros asteroides (imagen NASA).

le convirtió en un hombre popular. También creó un programa de divulgación científica en la primera emisora de radio de España, la EAJ-1, de la que fue uno de sus fundadores.

Comas i Solà decidió dedicarse a la astronomía cuando tenía tan sólo quince años, precisamente cuando se interesó por el meteorito de Nulles (Tarragona) caído en 1851 y sobre el cual publicó un artículo en la revista francesa *L'Astronomie*. A partir de aquel momento se dedicó de manera tenaz a observar el cielo y, aún siendo director del Observatorio Fabra, Comas i Solà construyó otro observatorio en su casa y lo equipó con un telescopio de quince centímetros de diámetro sobre una montura ecuatorial. Su observatorio particular lo bautizó con el nombre de *Villa Urania*, en honor a la musa de la astronomía y que aún puede leerse en los pilares de la entrada de la casa, en la calle Saragossa de Barcelona.

Comas i Solà descubrió once asteroides. A ocho de ellos les determinó la órbita con exactitud y, por lo tanto, les pudo dar un nombre. Al primero lo llamó *Hispania*, en 1915, y con sus ciento sesenta kilómetros de diámetro es el mayor. Después, entre 1920 y 1922, siguieron *Alfonsina*, en honor al rey Alfonso XIII —quien inauguró el Observatorio Fabra el siete de abril de 1904—, *Barcelona* y *Amelia*, dedicado a su segunda esposa, Amelia Sala. Conviene recordar que a principios del siglo XX la corriente habitual era denominar a los asteroides con nombre de mujer. Entre los años 1927 y 1930 descubrió a los otros, a los que llamó *Reginita*, *Pepita*, *Mercedes* y *Gothlandia*. Al primero le puso este nombre curioso en honor a una amiga de la familia, Regina de Triridor; al segundo, *Pepita*, diminutivo femenino de Josep, su nombre; el tercero en honor a su cuñada, Filomena Mercedes Sala. Finalmente bautizó al último como *Gothlandia* por ser éste el supuesto origen de la palabra Cataluña según los románticos.

En un principio había un cráter en la Luna de sesenta y cinco kilómetros de diámetro que se llamaba *cráter de Comas i Solà*, al oeste del *cráter Lagrange*, en memoria de su aportación a la astronomía. Pero la Unión Astronómica Internacional decidió en 1973 reformar la nomenclatura de los detalles geográficos de la Luna y se perdió el cráter de Comas i Solà a cambio de llamar así a un cráter de Marte, uno de más de ciento treinta kilómetros de diámetro.

Los asteroides descubiertos por Comas i Solà pertenecen al cinturón principal de asteroides y no representan ninguna amenaza inminente para la Tierra. Los cuerpos peligrosos son los llamados *objetos cercanos a la Tierra*, que también se conocen con el nombre de *neo*, acrónimo de *Near Earth Objects*. Se calcula que hay varios miles de *neo* con un tamaño superior a un kilómetro de diámetro que se pasean de manera peligrosa cerca de nosotros (en los últimos tres años se han catalogado más de dos mil), y decenas de miles de medio kilómetro. Una colisión con cualquiera de ellos tendría consecuencias devastadoras a escala planetaria. El primer asteroide que se descubrió que cruza la órbita de la Tierra fue Alinda en 1918. En 1932 se encontraron otros casos, como el de Amor y el de Apolo, de setecientos metros de diámetro y que tarda poco menos de dos años en completar su órbita alrededor del Sol. Los *neo* más grandes encontrados hasta el momento son Ivar y Betula, que tienen entre seis y ocho kilómetros de largo. Un encuentro hipotético con ellos acabaría sin duda alguna con nuestra civilización, al igual que hemos visto que ocurrió en su día con los dinosaurios. En 1999 se creó la *escala de Torino*, algo así como la escala de Richter de terremotos pero pensada para definir el riesgo de impacto de asteroides y cometas contra la Tierra. La escala de Torino va del cero al diez, donde el cero indica que el objeto tiene una probabilidad de colisión nula o que es demasiado pequeño como para representar un peligro potencial y el diez corresponde a una colisión segura capaz de provocar un desastre a escala planetaria. De momento, todos los *neo* descubiertos hasta la fecha no han pasado del uno de la escala de Torino, a pesar de que en el momento de su descubrimiento alguno de ellos se situó en un número más alto.

Llegados a este punto resulta necesario hablar de lo que dicen las estadísticas y las predicciones. Alguien ha dicho que la probabilidad de que un asteroide grande

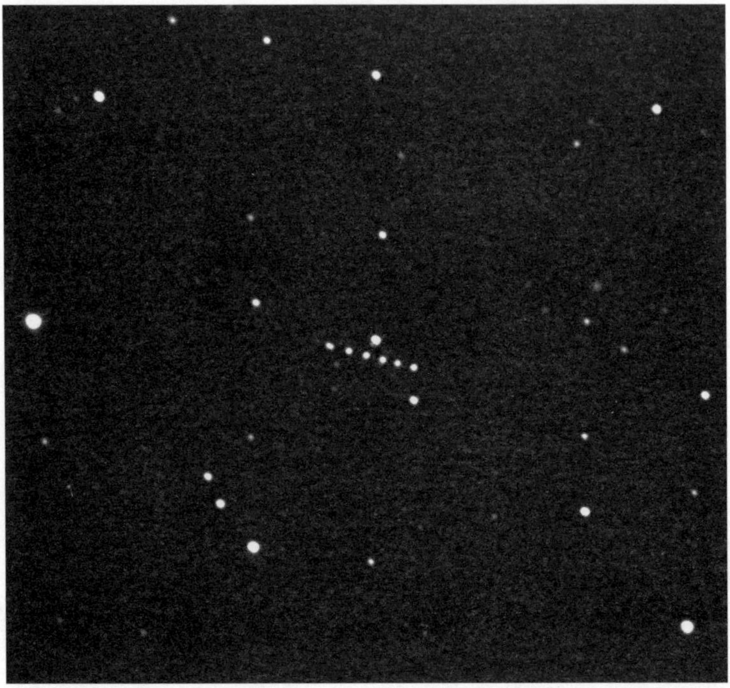

Secuencia de seis imágenes superpuestas tomadas el 16 de octubre de 2003 a intervalos de diez minutos que muestra el desplazamiento del asteroide Hermes entre las estrellas. Desde que fue descubierto y dado por desaparecido en 1937, ha sido uno de los *neo* peligrosos más buscados. Afortunadamente en el año 2003 fue localizado de nuevo, después de haber completado más de 30 órbitas de manera anónima (imagen Observatorio Astronómico de Mallorca).

o cometa choque con la Tierra es parecida a la que al disparar al aire sin mirar se dé a un pájaro. Se calcula que las catástrofes globales ocasionadas por el impacto de cuerpos mayores de cinco kilómetros de diámetro tienen lugar, como mucho, cada cien millones de años y que, una vez cada tres meses, un objeto capaz de originar un suceso como el de Tunguska se pasea entre la Tierra y la Luna. Pero nuestros modelos de predicción se basan forzosamente en la experiencia pasada. No podemos hacer otra cosa. Como también se ha dicho de manera suspicaz, hacer esto no es otra cosa que conducir un coche mirando todo el rato por el retrovisor. ¡Cuidado! ¡No había visto que venía este camión! Con los asteroides y cometas ocurre lo mismo.

Todo esto nos lleva a pensar y cuestionarnos muchas cosas. A pensar, por ejemplo, si el milagro de la evolución biológica en nuestro planeta puede estar al margen de acontecimientos que ocurren en el espacio; si es posible la coexistencia de una evolución lenta y gradual de un hábitat planetario con la posible catástrofe de un impacto con un objeto venido de lejos y sin avisar; si tienen sentido millones de años de evolución si en cualquier momento ésta puede acabar en nada; o si es precisamente la evolución biológica de un planeta la que puede acabar dominando el caos aparente del espacio inmediato.

La Tierra se encuentra en la mitad de su vida. Hace casi cinco mil millones de años que existe y dentro de unos cinco mil millones de años más será engullida por el Sol, cuando éste se transforme en una estrella madura del tipo gigante roja. Por su lado, la vida se ha perpetuado en la Tierra durante más de tres mil quinientos millones de años, a pesar de las colisiones que ha sufrido repetidas veces con asteroides grandes. Pero de entre las especies dominantes, el ser humano es el primer habitante del planeta que tiene el privilegio de disponer del conocimiento necesario para comprender su entorno planetario. Y ahora, ¿será nuestra especie capaz de desarrollar soluciones para evitar los efectos de nuevas colisiones dañinas? Quien olvide el pasado tendrá que reinventar el futuro.

AGRADECIMIENTOS

No resulta fácil ser lo suficientemente generoso para agradecer en unas líneas a todas aquellas personas que, de una manera u otra, me han acompañado en la escritura de este libro. En algunos casos su contribución ha sido directa, pero en otros ha sido alimentando mi interés y conocimiento. En este caso, sólo el paso de los años ha permitido darme cuenta de ello, lo que ha aumentado aún más mi deuda con ellas. Quiero agradecer muy especialmente a la persona que me introdujo al estudio de las ciencias planetarias, Alfredo SanMiguel, su dedicación y entusiasmo, a los miembros y compañeros del Departamento de Química Inorgánica de la Universitat de Barcelona su compañía, crítica y estímulo, a Ignasi Casanova sus lecciones de cosmoquímica en Houston y su empeño por salir siempre adelante, a Joan Oró sus consejos e ilusión por construir un mundo donde la ciencia tenga un papel notable, a Josep Maria Trigo sus ganas de trabajar a lo largo de estos años, a los miembros y colaboradores de la Red de Investigación sobre Bólidos y Meteoritos su ilusión y trabajo, a Josep Maria Bosch y José Vicente Casado su pasión por los meteoritos, a Francisco Anguita, José Luis Ortiz, Mark Kidger (y muchos más) su trabajo por la divulgación de las ciencias planetarias en España, a los miembros de Spaceguard Spain y especialmente a Salvador Sánchez y Jaume Nomen su dedicación en la búsqueda de asteroides peligrosos, a los miembros del Institut d'Estudis Espacials de Catalunya sus tertulias y apoyo, a los miembros del Institute of Meteoritics (Estados Unidos) sus lecciones sobre meteoritos y otros materiales planetarios, a Francesc Llorca su gran trabajo con algunas de las ilustraciones que aparecen en el libro y a Salvador Vega su implicación en la investigación histórica y las traducciones al castellano de los textos del capítulo VI. También quiero expresar mi agradecimiento a las personas e instituciones que han facilitado parte del material gráfico que aparece en el libro, tal y como consta en los pies de figura correspondientes y, por supuesto, a Editorial Milenio por su interés en editar este libro, que pretende llenar un poco el gran vacío que existe en lo que a libros dedicados a meteoritos y temas afines escritos en castellano se refiere. Por último, quiero constatar y agradecer a mi esposa Montse y a mis hijos Cesc y Aina su compañía y encanto, sin las cuales la escritura de este libro hubiera sido menos placentera.

BIBLIOGRAFÍA SOBRE METEORITOS

BEVAN, Alex y DE LAETER, John (2002), *Meteorites: A journey through space and time*. Smithsonian Institution Press.

BURKE, John (1986), *Cosmic debris: Meteorites in history*. The University of California Press.

DODD, Robert (1986), *Thunderstones and shooting stars: The meaning of meteorites*. Harvard University Press.

HEIDE, Fritz y WLOTZKA, Krank (1995), *Meteorites. Messengers from space*. Springer-Verlag.

HODGE, Paul (1994), *Meteorite craters and impact structures of the Earth*. Cambridge University Press.

HUTCHISON, Robert (1983), *The search for our beginning. An enquiry, based on meteorite research, into the origin of our planet and of life*. Oxford University Press.

LLORCA PIQUÉ, Jordi (1995), *Los meteoritos: Qué son y para qué sirven*. Ed. Fundació Pública Institut d'Estudis Ilerdencs.

— (2003), *Pedres que cauen del cel*. Pagès editors.

LLORCA PIQUÉ, Jordi y TRIGO RODRÍGUEZ, Josep Mª (2004), *El sistema solar: Nuestro pequeño rincón en la Vía Láctea*. Ed. Universitat Jaume I. Contiene el DVD *Meteoritos, fragmentos de otros mundos*, de P. Biazzi, J. V. Casado, J. Llorca y J. M. Trigo.

MARTÍN ESCORZA, Carlos (1987), "Fenómenos meteoríticos ocurridos en España". *Boletín de la Institución Libre de Enseñanza* 3, 51-68.

MARVIN, Ursula, B. (1992), "The meteorite of Ensisheim: 1492 to 1992". *Meteoritics* 27, 28-72.

— (1996), "Ernst Florens Friedrich Chladni (1756-1827) and the origins of modern meteorite research". *Meteoritics and Planetary Science* 31, 545-588.

MAURETTE, Michel (1993), *Hunting for stars*. McGraw-Hill, Inc. Horizons of Science series.

MCSWEEN, Harry Y. (1999), *Meteorites and their parent planets*. 2ª edición. Cambridge University Press.

NORTON, Richard (2001), *Rocks from space: Meteorites and meteorite hunters*. 2ª edición. Mountain Press.

— (2002), *The Cambridge enciclopedia of meteorites*. Cambridge University Press.

RUBIN, Alan E. (2002), *Disturbing the solar system: Impacts, close encounters, and coming attractions*. Princeton University Press.

ZANDA, Brigitte y ROTARU, Monica (eds.) (1996), *Les météorites*. Muséum National d'Histoire Naturelle. Ed. Bordas.

BIBLIOGRAFÍA ESPECIALIZADA

BUCHWALD, Vagn (1975), *Handbook of iron meteorites*. 3 volúmenes. The University of California Press.

GRADY, Monica M. (2000), *Catalogue of meteorites*. 5ª edición. Cambridge University Press.

KERRIDGE, John F. y MATTHEWS, Mildred S. (eds.) (1988), *Meteorites and the early solar system*. The University of Arizona Press.

PAPIKE, James J. (ed.) (1998), *Planetary materials*. Reviews in Mineralogy 36. Mineralogical Society of America.

ENSAYO ❀ MILENIO

1. Joan Pallarés. *El placer del escorpión. Antropología de la heroína y los yonquis (1970-1990).*
2. Joan Manel Bueno. *A hombros de gigantes. Diálogos con la filosofía occidental.*
3. Ramon Prat i Pons. *...Y les lavó los pies. Una antropología según el Evangelio.*
4. Evelyn de Smedt. *Zen y cristianismo. Las enseñanzas del maestro Deshimaru.*
5. Ana Martos. *¡Atrévete, mujer! El feminismo como actitud.*
6. Jaume Porta. *Cómo reformar la Universidad en 15 días. Sobre el gobierno y la reforma de la Universidad.*
7. Francisco Carrasquer. *Ramón J. Sender. El escritor del siglo XX.*
8. Andrés Fábregas Puig. *Chiapas, una mirada histórica.*
9. Josep Lluís Alay. *Historia de los tibetanos.*
10. Marie Beatrice Umutesi. *Huir o morir en Zaire. Testimonio de una refugiada ruandesa.*
11. Francesc Torralba - Jamyang Wangmo. *Cartas sobre Dios y el Buda.*
12. Emeterio Payá. *Los niños españoles de Morelia.*
13. Joan Sans Sicart. *Comisario de choque.*
14. Joan Manuel Soldevilla. *Abecedario de Tintín. Anatomía de un personaje universal.*
15. Ramon Prat i Pons. *El hilo de la vida. Quince imágenes de libertad.*
16. Miquel Visa. *Dalicedario. Un abecedario de Salvador Dalí.*
17. Francesc Torralba. *Cien valores para una vida plena. La persona y su acción en el mundo.*
18. Carles Alsinet. *El bienestar en la infancia. Participación y derechos de los niños en una sociedad cambiante.*
19. Joan Sans Sicart. *Comisario en el exilio. La esperanza de un luchador por la libertad.*
20. Dennis Gira. *El Loto o la Cruz. Las razones de una elección.*
21. Jordi Llorca. *Meteoritos y cráteres. Fragmentos de otros mundos que caen en la tierra.*